校企"双元"合作精品教材
高等职业院校"互联网+"系列精品教材

U0174640

5G 基站建设与维护

主编　汤昕怡　曾　益　罗文茂　李　媛

副主编　于　涛

电子工业出版社

Publishing House of Electronics Industry

北京·BEIJING

内 容 简 介

移动通信的更新换代非常迅速，我国目前正处于 5G 技术的商用推广阶段。在此背景下，作者结合国家紧缺技术人才需求编写本书，主要介绍 5G 通信系统工程的基站建设与维护部分，包括 5G 基站的硬件、安装、配置、测试、故障处理等方面的内容。本书内容丰富、深入浅出，通过具体的工程项目，以任务驱动的方式，对基站建设工程进行了详细分解。

本书为高职高专院校 5G 基站建设与维护课程的教材，也可作为开放大学、成人教育、自学考试、中职学校、培训班的教材，以及工程技术人员的参考书。

本书配有免费的电子教学课件、微课视频等，详见前言。

图书在版编目（CIP）数据

5G 基站建设与维护 / 汤昕怡等主编. —北京：电子工业出版社，2020.9（2025.2 重印）
校企"双元"合作精品教材
ISBN 978-7-121-37976-5

Ⅰ．①5… Ⅱ．①汤… Ⅲ．①无线电通信－移动网－高等学校－教材 Ⅳ．①TN929.5

中国版本图书馆 CIP 数据核字（2019）第 255788 号

责任编辑：陈健德（E-mail:chenjd@phei.com.cn）
文字编辑：王凌燕
印　　刷：北京七彩京通数码快印有限公司
装　　订：北京七彩京通数码快印有限公司
出版发行：电子工业出版社
　　　　　北京市海淀区万寿路 173 信箱　邮编：100036
开　　本：787×1 092　1/16　印张：10.25　字数：263 千字
版　　次：2020 年 9 月第 1 版
印　　次：2025 年 2 月第 7 次印刷
定　　价：41.00 元

凡所购买电子工业出版社图书有缺损问题，请向购买书店调换。若书店售缺，请与本社发行部联系，联系及邮购电话：（010）88254888，88258888。

质量投诉请发邮件至 zlts@phei.com.cn，盗版侵权举报请发邮件至 dbqq@phei.com.cn。

本书咨询联系方式：chenjd@phei.com.cn。

前 言

移动通信的更新换代非常迅速，我国目前正处于 5G 技术的商用推广阶段。在此背景下，作者结合国家紧缺技术人才需求编写本书，注重行业企业岗位技能的培养。

本书结合企业实践经验，针对移动通信工程的基础项目进行编写，主要介绍 5G 通信系统工程的基站建设与维护部分，包括 5G 基站的硬件、安装、配置、测试、故障处理等方面的内容。本书共分为 7 个项目，分别为 5G 技术特点和网络架构认知、5G NR 原理认知、5G 基站设备安装、5G 基站硬件测试、5G 基站设备验收、5G 基站业务开通、5G 基站故障处理。

本书内容涵盖了 5G 基站工程的建设、维护岗位的相关知识和必备技能，且采用项目任务的形式进行组织，方便教学组织和管理。

本书为高职高专院校 5G 基站建设与维护课程的教材，也可作为开放大学、成人教育、自学考试、中职学校、培训班的教材，以及工程技术人员的参考书。

全书由汤昕怡统稿。其中，汤昕怡编写项目 1，曾益编写项目 2～3，李媛编写项目 4，于涛编写项目 5，罗文茂编写项目 6～7。全书在编写过程中由南京中兴信雅达信息科技有限公司提供了相关工程资源和微课视频等，在此表示感谢。

由于本书编者水平有限，书中难免出现错漏，请广大读者批评指正。

为了方便教师教学，本书配有免费的电子教学课件、微课视频等立体化资源，请有此需要的教师扫一扫书中的二维码阅看或登录华信教育资源网（http://www.hxedu.com.cn）注册后再进行免费下载，使用中如有问题，请在网站留言或与电子工业出版社联系（E-mail：hxedu@phei.com.cn）。

编 者

目　录

项目 1　5G 技术特点和网络架构认知 ……………………………………………………… 1

　　任务 1.1　描述 5G 技术特点和应用场景 ……………………………………………… 1

　　　　1.1.1　任务描述 ……………………………………………………………………… 1

　　　　1.1.2　任务目标 ……………………………………………………………………… 1

　　　　1.1.3　知识准备 ……………………………………………………………………… 2

　　　　　　1.　第一代移动通信系统（1G）………………………………………………… 2

　　　　　　2.　第二代移动通信系统（2G）………………………………………………… 2

　　　　　　3.　第三代移动通信系统（3G）………………………………………………… 3

　　　　　　4.　第四代移动通信系统（4G）………………………………………………… 4

　　　　　　5.　第五代移动通信系统（5G）………………………………………………… 5

　　　　1.1.4　任务实施 ……………………………………………………………………… 7

　　任务 1.2　绘制 5G 系统网络架构图 …………………………………………………… 7

　　　　1.2.1　任务描述 ……………………………………………………………………… 7

　　　　1.2.2　任务目标 ……………………………………………………………………… 7

　　　　1.2.3　知识准备 ……………………………………………………………………… 8

　　　　1.2.4　任务实施 ……………………………………………………………………… 9

　　习题 1 …………………………………………………………………………………… 9

项目 2　5G NR 原理认知 ………………………………………………………………… 11

　　任务 2.1　描述 5G NR 关键技术 ……………………………………………………… 11

　　　　2.1.1　任务描述 …………………………………………………………………… 11

　　　　2.1.2　任务目标 …………………………………………………………………… 11

　　　　2.1.3　知识准备 …………………………………………………………………… 12

　　　　　　1.　多址接入技术 …………………………………………………………… 12

　　　　　　2.　5G 网络技术 …………………………………………………………… 24

　　　　2.1.4　任务实施 …………………………………………………………………… 30

　　任务 2.2　描述 5G NR 接口协议 ……………………………………………………… 30

　　　　2.2.1　任务描述 …………………………………………………………………… 30

　　　　2.2.2　任务目标 …………………………………………………………………… 31

　　　　2.2.3　知识准备 …………………………………………………………………… 31

　　　　　　1.　5G 系统网元功能 ……………………………………………………… 31

　　　　　　2.　5G 系统接口 …………………………………………………………… 32

　　　　2.2.4　任务实施 …………………………………………………………………… 35

　　习题 2 …………………………………………………………………………………… 35

项目 3 5G 基站设备安装 ··· 37

　　任务 3.1 绘制 5G 基站硬件架构图 ··· 37

　　　　3.1.1 任务描述 ··· 37

　　　　3.1.2 任务目标 ··· 37

　　　　3.1.3 知识准备 ··· 38

　　　　　　1．机柜 ··· 38

　　　　　　2．插箱 ··· 39

　　　　　　3．线缆 ··· 41

　　　　　　4．BBU 单板配置示例 ··· 42

　　　　3.1.4 任务实施 ··· 43

　　任务 3.2 基站设备安装 ··· 43

　　　　3.2.1 任务描述 ··· 43

　　　　3.2.2 任务目标 ··· 43

　　　　3.2.3 知识准备 ··· 43

　　　　　　1．安装准备 ··· 44

　　　　　　2．安装机柜 ··· 44

　　　　　　3．安装直流电源分配模块 ··· 45

　　　　　　4．安装蓄电池 ··· 47

　　　　　　5．安装 GPS 天线 ··· 47

　　　　　　6．安装机柜电源线缆 ··· 48

　　习题 3 ··· 51

项目 4 5G 基站硬件测试 ··· 53

　　任务 4.1 设备加电 ··· 53

　　　　4.1.1 任务描述 ··· 53

　　　　4.1.2 任务目标 ··· 53

　　　　4.1.3 知识准备 ··· 54

　　　　4.1.4 任务实施 ··· 54

　　　　　　1．BBU 测量 ··· 54

　　　　　　2．AAU 测量 ··· 54

　　　　　　3．机柜上电 ··· 54

　　　　　　4．BBU 上电 ··· 55

　　　　　　5．AAU 上电 ··· 56

　　任务 4.2 硬件测试 ··· 56

　　　　4.2.1 任务描述 ··· 56

　　　　4.2.2 任务目标 ··· 56

　　　　4.2.3 知识准备 ··· 56

　　　　　　1．电气安全知识 ··· 56

　　　　　　2．单板插拔 ··· 57

　　　　4.2.4　任务实施 ·· 58

　　　　　　1．BBU 硬件测试 ·· 58

　　　　　　2．AAU 硬件测试 ·· 58

　　　　　　3．掉电测试 ·· 59

　　　　　　4．再启动测试 ·· 59

　　　　　　5．传输中断测试 ·· 60

　　习题 4 ·· 60

项目 5　5G 基站设备验收 ·· 61

　　任务 5.1　验收准备 ··· 61

　　　　5.1.1　任务描述 ·· 61

　　　　5.1.2　任务目标 ·· 61

　　　　5.1.3　知识准备 ·· 62

　　　　5.1.4　任务实施 ·· 62

　　　　　　1．设备自检 ·· 62

　　　　　　2．准备验收工具 ·· 62

　　　　　　3．准备验收文档 ·· 62

　　　　　　4．成立验收工作小组 ···································· 63

　　任务 5.2　设备验收 ··· 63

　　　　5.2.1　任务描述 ·· 63

　　　　5.2.2　任务目标 ·· 63

　　　　5.2.3　知识准备 ·· 63

　　　　5.2.4　任务实施 ·· 72

　　任务 5.3　编制验收资料 ··· 72

　　　　5.3.1　任务描述 ·· 72

　　　　5.3.2　任务目标 ·· 72

　　　　5.3.3　知识准备 ·· 72

　　　　5.3.4　任务实施 ·· 73

　　　　　　1．验收资料的编制 ······································ 73

　　　　　　2．验收资料的签证 ······································ 73

　　　　　　3．验收资料的归档 ······································ 73

　　习题 5 ·· 73

项目 6　5G 基站业务开通 ·· 75

　　任务 6.1　描述 5G 网管架构和功能 ································ 75

　　　　6.1.1　任务描述 ·· 75

　　　　6.1.2　任务目标 ·· 75

　　　　6.1.3　知识准备 ·· 76

　　　　　　1．5G 网管基本架构 ····································· 76

　　　　　　2．5G 网管软硬件组成 ··································· 77

3．5G 网管功能组件 ·· 77

6.1.4 任务实施 ··· 78

任务 6.2 配置数据 ··· 78

6.2.1 任务描述 ··· 78

6.2.2 任务目标 ··· 78

6.2.3 知识准备 ··· 78

1．操作前提 ·· 78

2．初始配置前提 ··· 78

3．基本操作流程 ··· 79

6.2.4 任务实施 ··· 79

1．配置设备数据 ··· 79

2．配置支撑功能数据 ··· 93

3．配置传输网络数据 ··· 103

4．配置 CUUP 功能 ··· 111

5．配置 CUCP 功能 ··· 112

6．配置 DU 功能 ·· 119

任务 6.3 业务调测 ··· 127

6.3.1 任务描述 ··· 127

6.3.2 任务目标 ··· 127

6.3.3 知识准备 ··· 127

1．随机接入流程 ··· 127

2．初始接入流程 ··· 128

6.3.4 任务实施 ··· 129

1．接入测试 ·· 129

2．Ping 测试 ··· 129

3．HTTP 网页浏览 ·· 129

4．FTP 下载 ·· 130

5．信令跟踪 ·· 130

习题 6 ··· 134

项目 7 5G 基站故障处理 ·· 135

任务 7.1 故障信息收集 ··· 135

7.1.1 任务描述 ··· 135

7.1.2 任务目标 ··· 135

7.1.3 知识准备 ··· 136

7.1.4 任务实施 ··· 136

任务 7.2 故障定位 ··· 137

7.2.1 任务描述 ··· 137

7.2.2 任务目标 ··· 137

  7.2.3 知识准备 ··· 137

    1．故障种类 ··· 137

    2．故障处理思路 ··· 138

  7.2.4 任务实施 ··· 139

    1．传输问题处理 ··· 139

    2．设备问题处理 ··· 141

    3．业务问题处理 ··· 146

任务 7.3 故障处理 ··· 148

  7.3.1 任务描述 ··· 148

  7.3.2 任务目标 ··· 148

  7.3.3 知识准备 ··· 148

    1．备份数据 ··· 149

    2．排除故障 ··· 149

    3．确认故障是否排除 ··· 150

    4．联系技术支持 ··· 150

  7.3.4 任务实施 ··· 150

习题 7 ··· 150

项目 1

5G 技术特点和网络架构认知

项目概述

本项目是后续内容的基础，在进行 5G 基站相关工作前，需要掌握 5G 技术特点和网络架构基本知识。

学习目标

（1）能描述 5G 技术特点和应用场景；

（2）能绘制 5G 系统网络架构图。

扫一扫看本项目教学课件

任务 1.1　描述 5G 技术特点和应用场景

1.1.1　任务描述

通过本任务的学习，了解移动通信系统的演进、5G 技术特点及 eMBB、mMTC 和 uRLLC 三大应用场景。

1.1.2　任务目标

（1）能描述移动通信系统的演进和 5G 技术特点；

（2）能描述 eMBB 业务场景的典型应用；

（3）能描述 mMTC 业务场景的典型应用；

（4）能描述 uRLLC 业务场景的典型应用。

1.1.3 知识准备

1887 年，赫兹通过闪烁的火花，第一次证实了电磁波的存在，拉开了移动通信的序幕。1897 年 5 月 18 日，马可尼改进了无线电传送和接收设备，在海上轮船之间进行无线通信，证明了运动中无线通信的可应用性，自此人类开始了对移动通信的兴趣和追求。

1947 年，D. H. Ring 提出蜂窝通信的概念，在 20 世纪 60 年代开始对其进行系统的实验。20 世纪 60 年代末、70 年代初出现了第一个蜂窝（Cellular）系统。蜂窝的意思是将一个大区域划分为多个小区（Cell），相邻的蜂窝区域使用不同的频率进行传输，避免同频干扰。自此，移动通信进入蓬勃发展时期。

扫一扫看第一代移动通信技术微课视频

1. 第一代移动通信系统（1G）

1978 年年底，美国贝尔试验室研制成功先进的移动电话系统（AMPS），建成了蜂窝移动通信网，大大提高了系统容量。1983 年，AMPS 首次在芝加哥投入商用。同年 12 月，在华盛顿也开始启用。之后，服务区域在美国逐渐扩大，到 1985 年 3 月已扩展到 47 个地区，约 10 万移动用户。其他工业化国家也相继开发出蜂窝式公用移动通信网。日本于 1979 年推出 800 MHz 汽车电话系统（HAMTS），在东京、大阪、神户等地投入商用。西德于 1984 年完成 C 网，频段为 450 MHz。英国在 1985 年开发出全地址通信系统（TACS），首先在伦敦投入使用，以后覆盖了全国，频段为 900 MHz。法国开发出 450 系统。加拿大推出 450 MHz 移动电话系统 MTS。瑞典等北欧四国于 1980 年开发出 NMT-450 移动通信网并投入使用，频段为 450 MHz。

这一阶段的特点是蜂窝移动通信网成为实用系统，并在世界各地迅速发展。移动通信大发展的原因，除了用户需求迅猛增加这一主要推动力之外，还有技术发展提供了条件。

（1）微电子技术在该时期得到长足发展，使通信设备的小型化、微型化有了可能性，各种轻便电台被不断地推出。

（2）提出并形成了移动通信新体制。随着用户数量增加，大区制所能提供的容量很快饱和，这就必须探索新体制。在这方面最重要的突破是贝尔试验室在 20 世纪 70 年代提出的蜂窝的概念。蜂窝，即所谓小区制，由于实现了频率再用，大大提高了系统容量。可以说，蜂窝概念真正解决了公用移动通信系统要求容量大与频率资源有限的矛盾。

（3）随着大规模集成电路的发展而出现的微处理器技术日趋成熟，以及计算机技术迅猛发展，从而为大型通信网的管理与控制提供了技术手段。

图 1.1　1G 终端

第一代移动通信系统采用的是模拟的频分多址（FDMA）技术，仅限语音的蜂窝电话标准。1G 终端如图 1.1 所示。

扫一扫看第二代移动通信技术微课视频

2. 第二代移动通信系统（2G）

模拟蜂窝网虽然取得了很大成功，但也暴露了一些问题。例如，频谱利用率低、移动设备复杂、费用较贵、业务种类受限制及通话易被窃听等，最主要的问题是其容量已不能满足日益增长的移动用户需求。解决这些问题的方法是开发新一代数字蜂窝移动通信系统。

数字无线传输的频谱利用率高，可大大提高系统容量。另外，数字网能提供语音、数据多种业务服务，并与综合业务数字网（Integrated Services Digital Network，ISDN）等兼容。实际上，早在 20 世纪 70 年代末，当模拟蜂窝系统还处于开发阶段时，一些发达国家就着手了数字蜂窝移动通信系统的研究。到 20 世纪 80 年代中期，欧洲首先推出了泛欧数字移动通信网（GSM）体系。随后，美国和日本也制定了各自的数字移动通信体制。泛欧网 GSM 于 1991 年 7 月开始投入商用，1995 年覆盖欧洲主要城市、机场和公路。2G 终端如图 1.2 所示。

图 1.2　2G 终端

　　第二代移动通信系统主要采用的是数字的时分多址（TDMA）技术和码分多址（CDMA）技术，全球主要相对应的制式分别是 GSM 制式和 CDMA 制式。第二代移动通信系统的主要业务是语音，其主要特性是提供数字化的语音业务。它克服了模拟移动通信系统的弱点，话音质量、保密性能得到很大提高，并可进行省内、省际自动漫游。第二代移动通信系统替代了第一代移动通信系统，完成了模拟技术向数字技术的转变，但由于其采用不同的制式，移动通信系统标准不统一，用户无法进行全球漫游；由于第二代移动通信系统带宽有限，限制了数据业务的应用，也无法实现高速率的业务，如移动的多媒体业务。

　　2.5G 移动通信技术是从 2G 迈向 3G 的衔接性技术，由于 3G 是个相当浩大的工程，所牵扯的层面多且复杂，要从 2G 迈向 3G，不可能毕其功于一役，因此出现了介于 2G 和 3G 之间的 2.5G。GPRS、EDGE 及 CDMA 1x 都属于 2.5G 技术。这些技术的传输速率理论上有 100Kbps 以上，因此可以发送图片、收发邮件等。

　　GPRS 技术和 EDGE 技术是对 GSM 系统的演进。GPRS（General Packet Radio Service，通用分组无线服务）是指在欧洲 GSM 方式的网络基础上提供的高速分组通信服务。它把 GSM 的最大数据通信速度从 9600 bps 提高到了 171.2 Kbps。EDGE 是速度更高的 GPRS 后续技术。EDGE 的通信速度最大可达 384～500 Kbps。

　　CDMA 1x 技术是对 CDMA 系统的演进。CDMA 1x 的意思是 3G 技术 CDMA2000 的第一阶段，属于过渡的 2.5G 技术。CDMA 1x 在 2G 技术 CDMA IS-95 的基础上升级了无线接口，性能上得到了很大的增强，使用 1.25 MHz 频带，可以实现速率为 144 Kbps 的数据传输。

扫一扫看第三代移动通信技术微课视频

3. 第三代移动通信系统（3G）

　　第三代移动通信系统，与第一代移动通信系统和还在使用的第二代移动通信系统相比，有更宽的带宽，其传输速度最低为 384 Kbps，最高为 2 Mbps，带宽可达到 5 MHz 以上。目前，全球有三大 3G 标准，分别是欧洲提出的 WCDMA、美国提出的 CDMA2000 和中国提出的 TD-SCDMA。第三代移动通信系统不仅能传输话音，还能传输数据，从而提供快捷、方便的无线应用，如常见的视频通话、移动互联网等。第三代移动通信网络能将高速移动接入和基于互联网协议的服务结合起来，提高无线频率利用率，同时提供包括卫星在内的全球覆盖并实现有线和无线及不同无线网络之间业务的无缝对接，从而满足多媒体业务要求，为用户提供更方便、内容更丰富的无线通信服务。3G 除了以上提到的 3GPP 的三种蜂窝系统，还包括 IEEE 提出的 802.16 系列标准，即 WiMAX 系统，但没有广泛商用。3G 手机如图 1.3 所示。

3G 的标准化工作是由 3GPP（3th Generation Partner Project，第三代伙伴关系计划）和 3GPP2 两个标准化组织来推动和实施的。3GPP 成立于 1998 年 12 月，由欧洲的 ETSI、日本 ARIB、韩国 TTA 和美国 T1 等组成，采用欧洲和日本的 WCDMA 技术，构筑新的无线接入网络，在核心交换侧则在现有的 GSM 移动交换网络基础上平滑演进，提供更加多样化的业务。UTRA（Universal Terrestrial Radio Access）为无线接口的标准。其后不久，在 1999 年 1 月，3GPP2 也正式成立，由美国 TIA、日本 ARIB、韩国 TTA 等组成。无线接入技术采用 CDMA2000 1UWC-136 为标准，CDMA2000 技术在很大程度上采用了高通公司的专利。

图 1.3　3G 手机

扫一扫看第四代移动通信技术微课视频

4. 第四代移动通信系统（4G）

虽然，第三代移动通信系统的传输速率更快，相比 2.5G 有数十倍的增速，但是仍无法满足多媒体业务日益发展的通信需求。第四代移动通信系统希望能满足更大的带宽需求、高速数据和高分辨率多媒体服务的需求，以及 3G 系统尚不能达到的覆盖、质量和造价上的需求。LTE（Long Term Evolution，长期演进）是 3GPP 在"移动通信宽带化"趋势下，为了对抗其他移动宽带技术的挑战，在 3G 基础上研发出的新标准。LTE 在空口上采用正交频分多址（OFDMA）技术，并大量采用多输入多输出（MIMO）技术和自适应技术提高数据传输速率和系统性能。通过采用扁平化网络结构和全 IP 系统架构，可以支持最大 20 MHz 的系统带宽、超过 150 Mbps 的峰值速率和更短的传输时延。LTE 一方面保持相对于其他蜂窝移动通信标准的竞争优势，另一方面也为从 3G 技术向 4G 技术演进提供了通道，最终使得移动通信标准统一，实现真正意义上的全球漫游。IEEE 提出的 802.16m 标准，即 WiMAX 系统的演进，也属于 4G 系统。4G 终端如图 1.4 所示。

图 1.4　4G 终端

4G 网络开启了高速移动互联网应用新时代，能够接入更多的用户，提供更高带宽，提高了用户移动互联网业务体验，4G 用户只要附着网络，就会生成一条从用户终端到核心网关的永久在线通道，可以完成数据业务访问。具体有以下四个方面的特征。

（1）更高的速率：使用 20 MHz 的频谱带宽和多天线技术，可以提供给用户上行 50 Mbps、下行 150 Mbps 的速率，且覆盖更广，组网配置更简单。

（2）更多用户容量：容纳更多用户（每个小区 1 000 以上用户），通过多种承载保障 QoS。

（3）更丰富的业务：移动互联网业务、视频流类业务、电子商务业务、社交网络业务、丰富的多媒体业务（高清语音、视频）。

（4）更低的建网成本：与传统 2/3G 网络相比，接入网仅包括 eNodeB 一种逻辑节点，取消了 RNC 部分，因此降低了建网成本。

扫一扫看第五代移动通信技术微课视频

5. 第五代移动通信系统（5G）

移动通信已经深刻地改变了人们的生活，但人们对更高性能移动通信的追求从未停止。为了应对未来爆炸性的移动数据流量增长、海量的设备连接、不断涌现的各类新业务和应用场景，第五代移动通信系统（5G）应运而生。5G 将渗透到未来社会的各个领域，以用户为中心构建全方位的信息生态系统。5G 将使信息突破时空限制，提供极佳的交互体验，为用户带来身临其境的信息盛宴；5G 将拉近万物的距离，通过无缝融合的方式，便捷地实现人与万物的智能互联。5G 将为用户提供光纤般的接入速率，"零"时延的使用体验，千亿设备的连接能力，超高流量密度、超高连接数密度和超高移动性等多场景的一致服务，业务及用户感知的智能优化，同时将为网络带来超百倍的能效提升和超百倍的比特成本降低，最终实现"信息随心至，万物触手及"的总体愿景。

5G 的特性之一就是拥有很高的灵活性，它能够使用多个频谱，为不同需求的设备提供服务。加上 5G 在未来将会拥有的高覆盖率和稳定性等优点，5G 网络将会为更多行业带来改变。

除了为个人无线通信服务提速，5G 还会对包括室内/外无线宽带部署、企业团队培训/协作、VR/AR、资产与物流跟踪、智能农业、远程监控、自动驾驶汽车、无人机及工业和电力自动化等 21 个领域造成影响。但是若将眼光放得更长远一些的话，从技术成熟度的焦点考虑，目前还没有发现特别清晰的技术。未来一定会出现新的通信系统，也可能会在诸如网速或稳定性上超越 4G、5G，但新的系统设计目标目前是没有办法确定的。新的通信系统由 Use Case 驱动，即根据用户潜在需求进行设计，而并非传统的由技术进行驱动，不过就目前而言，移动互联网的演进还是无线通信的发展方向之一。

移动互联网和物联网作为未来移动通信发展的两大主要驱动力，为 5G 提供了广阔的应用前景。面向 2020 年及未来，数据流量的千倍增长、千亿设备连接和多样化的业务需求都将对 5G 系统的设计提出严峻挑战。与 4G 相比，5G 将支持更加多样化的场景，融合多种无线接入方式，并充分利用低频和高频等频谱资源。同时，5G 还将满足网络灵活部署和高校运营维护的需求，能大幅提升频谱效率、能源效率和成本效率，实现移动通信网络的可持续发展。

3GPP 定义了 5G 应用场景的三大方向——eMBB（增强移动宽带）、mMTC（大规模物联网，更多地称为海量机器类通信）、uRLLC（超高可靠低时延通信）。

1）eMBB

eMBB 主要用于 3D/超高清视频等大流量移动宽带业务，如图 1.5 所示。

超高清视频　　　　高清视频会议

扫一扫看第五代移动通信技术应用场景微课视频

AR/VR

高清在线游戏

图 1.5　eMBB 典型应用

AR（Augmented Reality，增强现实）技术是指计算机在现实影像上叠加相应的图像技术，利用虚拟世界套入现实世界并与之进行互动，达到"增强"现实的目的。

VR（Virtual Reality，虚拟现实）技术是指在计算机上生成一个三维空间，并利用该空间提供给使用者关于视觉、听觉、触觉等感官的虚拟，让使用者仿佛身临其境一般。

2）mMTC

mMTC 主要用于大规模物联网业务，如图 1.6 所示。IoT（Internet of Things，物联网）应用是 5G 技术所瞄准的发展主轴之一，而网络等待时间的性能表现，将成为 5G 技术能否在物联网应用市场上攻城略地的重要衡量指针。智能水表、电表的数据传输量小，对网络等待时间的要求也不高，使用 NB-IoT 相当合适。但对于某些攸关人身安全的物联网应用，如与医院联机的穿戴式血压计，则网络等待时间就显得非常重要，采用 mMTC 会是比较理想的选择。这些分散在各垂直领域的物联网应用，正是 5G 生态圈形成的重要基础。

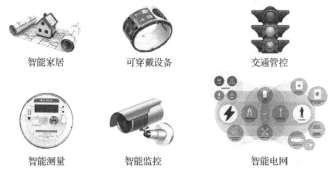

智能家居　　　　可穿戴设备　　　　交通管控

智能测量　　　　智能监控　　　　智能电网

图 1.6　mMTC 典型应用

在 4G 技术定义初期，并没有把物联网的需求纳入考虑，因此业界后来又发展出 NB-IoT，以补上该缺口。5G 则与 4G 不同，在标准定义初期就把物联网应用的需求纳入考虑，并制定出对应的 mMTC 技术标准。不过，目前还很难断言 mMTC 是否会完全取代 NB-IoT，因为 mMTC 与 NB-IoT 虽然在应用领域有所重叠，但 mMTC 会具备一些 NB-IoT 所没有的特性，反之亦然。例如，极低的网络等待时间是 NB-IoT 所没有的特性。

3）uRLLC

uRLLC 主要用于如无人驾驶、工业自动化等需要低时延、高可靠性连接的业务，如图 1.7

所示。uRLLC 主要满足人—物连接需求，对时延要求低至 1 ms，可靠性高至 99.999%。其主要应用包括车联网的自动驾驶、工业自动化、移动医疗等高可靠性应用。uRLLC 的超高可靠性、超低时延通信场景正在稳步推进，uRLLC 主要针对无人驾驶等低时延的业务需求，目前基于 LTE-V2X 的技术尚在研发当中，关于无人驾驶涉及安全、法律许可等问题。同时，工业机器人等实时性要求较高的应用也有需求，3GPP 关于低时延的应用场景的标准化也在稳步推进。远程控制：时延要求低，可靠性要求低。工厂自动化：时延要求高，可靠性要求高。智能管道抄表等管理：可靠性要求高，时延要求适中。过程自动化：可靠性要求高，时延要求低。车辆自动指引/ITS/触觉 Internet：时延要求高，可靠性要求降低。

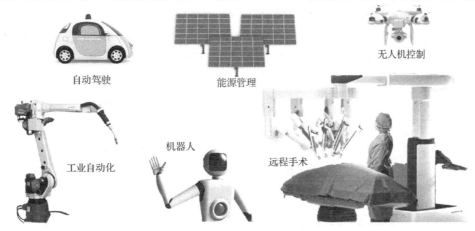

图 1.7 uRLLC 典型应用

1.1.4 任务实施

描述以下技术概念：

（1）描述移动通信系统的演进；

（2）描述 5G 技术特点；

（3）描述 eMBB 业务场景的典型应用；

（4）描述 mMTC 业务场景的典型应用；

（5）描述 uRLLC 业务场景的典型应用。

要求：分组讨论；使用 PPT 制作演示材料；能够描述清楚相应的概念。

任务 1.2 绘制 5G 系统网络架构图

1.2.1 任务描述

在进行实际安装操作前，需要学习 5G 系统的网络架构，了解 5G 基站在整个系统中的位置和基本功能。通过本任务的学习，能够绘制 5G 系统网络架构图。

1.2.2 任务目标

（1）了解 5G 系统网络架构；

（2）了解 5G 系统网元功能；

（3）了解 5G 系统接口功能；

（4）能绘制 5G 系统网络架构图。

 扫一扫看 5G 网络总体拓扑微课视频

 扫一扫看 5G RAN 拓扑图微课视频

1.2.3 知识准备

5G 网络分为独立组网（SA）和非独立组网（NSA）两种方式。其中，NSA 方式是通过 4G 基站把 5G 基站接入 EPC（Evolved Packet Core，演进的核心网，即 LTE 核心网），无须新建 5G 核心网（5GC）。在 5G 商用初期，一般使用 NSA 方式与之前 2G/3G/4G 网络混合组网，到了后期 5G 技术和市场成熟时，一般采用 SA 方式独立组网。

5G 网络架构图如图 1.8 所示。在 4G 到 5G 演进过程中，核心网侧在从 EPC 向 5GC 演进，而无线侧网络组成类似，都是由 5G 基站 gNB（gNodeB）和 4G 基站 ng-eNB（eNodeB）组成。

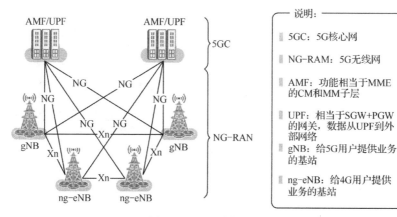

图 1.8　5G 网络架构图

（1）AMF（Access and Mobility Management Function）：接入和移动管理功能。

（2）UPF（User Plane Function）：用户面管理功能。

5G 的基站功能重构为 CU 和 DU 两个功能实体。CU 与 DU 功能的切分以处理内容的实时性进行区分。基站重构为 CU 和 DU 两个逻辑网元，可以合一部署，也可以分开部署，根据场景和需求确定。

4G 到 5G 的基站变化如图 1.9 所示。

（1）CU（Centralized Unit）：主要包括非实时的无线高层协议栈功能，同时也支持部分核心网功能下沉和边缘应用业务的部署。

（2）DU（Distributed Unit）：主要处理物理层功能和实时性需求的层 2 功能。考虑节省 RRU 与

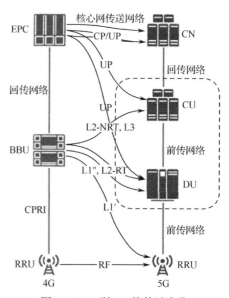

图 1.9　4G 到 5G 的基站变化

DU之间的传输资源，部分物理层功能也可上移至 RRU/AAU 实现。CU 和 DU 之间是 F1接口。

RAN 切分后带来 5G 多种部署方式，如图 1.10 所示。

（1）AAU：原 BBU 基带功能部分上移，以降低 DU-RRU 之间的传输带宽。

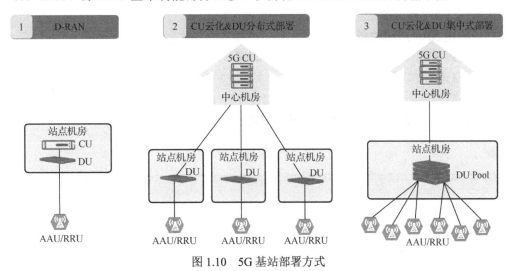

图 1.10　5G 基站部署方式

（2）D-RAN：分布式 RAN，类似传统 4G 部署方式，采用 BBU 分布式部署。

（3）C-RAN：云化 RAN，又分为 CU 云化&DU 分布式部署和 CU 云化&DU 集中式部署。

（4）CU 云化&DU 分布式部署：CU 集中部署，DU 类似传统 4G 分布式部署。

（5）CU 云化&DU 集中式部署：CU 和 DU 各自采用集中式部署。

分布式部署需要更多机房资源，但每个单元的传输带宽需求小，更加灵活。集中式部署节省机房资源，但需要更大的传输带宽。未来可根据不同场景需要，灵活组网。

1.2.4　任务实施

扫一扫看 5G RAN 功能微课视频

1）参观 5G 通信实验室

参观 5G 通信设备实验室，重点关注 5G 终端、基站与核心网之间的组网和连接，了解 5G 系统网络架构。

2）绘制 5G 系统网络架构图

根据掌握的 5G 网络架构知识内容，以及 5G 通信设备实验室参观体验，绘制 5G 系统网络架构图。

要求：分组讨论；使用 PPT 绘制 5G 系统网络架构图和基站架构图，并能解释清楚网络架构、网元功能和接口功能。

习题 1

1．请简述 DU（Distributed Unit）的功能。

2．请简述 SA 组网的模式及其优点。

3．请简述 uRLLC 场景的相关特点及其使用场景。

4．请简述 mMTC 场景的相关特点及其使用场景。

5．请简述 5G 三大应该场景，并举出示例。

6．请描述 5G 面对的商业模式。

7．请简述 SA 组网的概念和特点。

8．请简述 NSA 组网的概念和特点。

9．请简述 AMF、UPF、gNB、ng-eNB 的功能。

10．请简述 CU 功能。

11．请简述分布式部署和集中式部署的特点。

12．4G 网络结构到 5G 网络结构的变化在哪些方面？

项目 **2**

5G NR 原理认知

项目概述

本项目对 5G NR 原理、关键技术和接口协议进行进一步探究,是后续内容的基础。通过本项目内容的学习,完成对 5G NR 原理的认知。

学习目标

(1)能描述 5G NR 关键技术;

(2)能描述 5G NR 接口协议。

扫一扫看
本项目教
学课件

任务 2.1 描述 5G NR 关键技术

2.1.1 任务描述

5G 完全不同于以往的移动通信技术,学习 5G 需要了解移动通信技术演进、5G 无线技术、网络技术等内容。通过本任务的学习,能够描述 5G NR 原理和关键技术,为后续章节打下基础。

2.1.2 任务目标

(1)能描述移动通信技术演进;

(2)能描述 5G 无线技术;

(3)能描述 5G 网络技术。

2.1.3 知识准备

1. 多址接入技术

多址接入技术是解决多用户进行信道复用的技术手段，是移动通信系统的基础性传输方式，既关系到系统容量、小区构成、频谱和信道利用效率及系统复杂性和部署成本，还关系到设备基带处理能力、射频性能和成本等工程问题。多址接入技术可以将信号维度按照时间、频率或码字分割为正交或非正交的信道，分配给用户使用。历代移动通信系统都有其标志性的多址接入技术作为革新换代的标志。例如，1G 的模拟频分多址接入（FDMA）技术；2G 的时分多址接入（TDMA）和频分多址接入（FDMA）技术；3G 的码分多址接入（CDMA）技术；4G 的正交频分复用（OFDM）技术。1G 到 4G 采用的都是正交多址接入技术。对于正交多址接入技术，用户在发送端占用正交的无线资源，接收端易于使用线性接收机来进行多用户检测，复杂度较低，但系统容量会受限于可分割的正交资源数目。从单用户信息论角度，LTE 的单链路性能已接近点对点信道容量极限，提升空间十分有限；若从多用户信息角度，非正交多址接入技术还能进一步提高频谱效率，也是逼近多用户信道容量上界的有效手段。

与 4G 相比，5G 网络需要提供更高的频谱频率、更多的用户连接数。纵观历史，1G 到 4G 系统大都采用了正交多址接入技术。面向 5G，非正交多址接入（Non-Orthogonal Multiple Access，NOMA）技术受到产业界的重视。此外，从系统设计角度，非正交多址接入技术还可以增加有限资源下的用户连接数。

5G 采用可扩展 OFDM、NOMA、Massive MIMO 和毫米波技术。

1）可扩展 OFDM

5G NR 设计过程中最重要的一项决定，就是采用基于 OFDM 优化的波形和多址接入技术，因为 OFDM 技术被当今的 4G LTE 和 WiFi 系统广泛采用，因其可扩展至大带宽应用，且具有高频谱效率和较低的数据复杂性，因此能够很好地满足 5G 要求。OFDM 技术家族可实现多种增强功能，如通过加窗或滤波增强频率本地化、在不同用户与服务间提高多路传输效率，以及创建单载波 OFDM 波形，实现高能效上行链路传输。面向 5G 新空口的可扩展 OFDM 如图 2.1 所示。

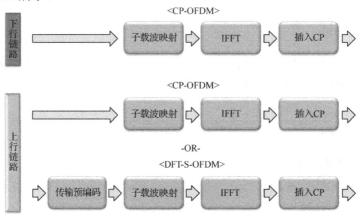

图 2.1　面向 5G 新空口的可扩展 OFDM

NR 物理层多址接入方案基于 OFDM+CP。上行链路支持 DFT-S-OFDM（Discrete Fourier Transform-Spread-OFDM）+CP。为支持成对和不成对的频谱，FDD 和 TDD 都被支持。

DFT-S-OFDM，全称为离散傅里叶变换扩频的正交频分复用多址接入技术方案，是频域产生信号的单载波频分多址方案，如图 2.2 所示。5G 上行链路采用的是 DFT 拓展的 OFDM（DFT-S-OFDM），其功率谱在频域上类似于 SC-FDMA。其最大的优势是峰均比比较好，对上行发射机的要求降低。OFDM 的峰均比很大，对线性功放的要求很高，但是在基站侧对成本的要求不是很高，所以下行采用 OFDM 发射。

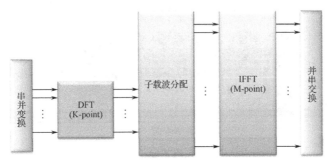

图 2.2　DFT-S-OFDM

NR 支持多种子载波间隔，$\mu=$（0～4）可以配置不同的子载波间隔，如表 2.1 和图 2.3 所示。

表 2.1　子载波间隔

μ	$\Delta f=2^{u} \cdot 15$（kHz）	Cyclic prefix
0	15	Normal
1	30	Normal
2	60	Normal，Extended
3	120	Normal
4	240	Normal

12 Sub carrier=(15×12)=180 kHz
$\mu=0$

12 Sub carrier=(30×12)=360 kHz
$\mu=1$

12 Sub carrier=(60×12)=720 kHz
$\mu=2$

12 Sub carrier=(120×12)=1 440 kHz
$\mu=3$

12 Sub carrier=(240×12)=2 880 kHz
$\mu=4$

图 2.3　子载波间隔

不同的子载波间隔是对高频段扩展的必然结果。LTE 系统设计的参数是 15 kHz 子载波（Normal CP），设计频率是 700 MHz～2.6 GHz，后来扩展到 3.5 GHz。但是 5G 系统的载频上移了，主要是低频都被 4G 占据，更重要的因素是低频可用连续带宽太少，使用载波聚合的信令开销又比较大。5G 需要针对高频率（毫米波）设计更大的系统带宽（如 100 MHz 以上），但是考虑 FFT 点数多了之后复杂度上升（特别是 UE），因此需要限定 FFT size，如图 2.4 所示。

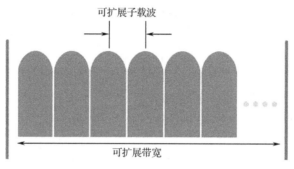

图 2.4　可扩展子载波

3GPP 为 NR 定义了两个频率范围，如表 2.2 所示。FR1 通常称为 Sub6GHz，最大信道带宽为 100 MHz。FR2 通常称为 Above6GHz，最大信道带宽为 400 MHz。

表 2.2　频率范围

频率范围设计	相关频率范围
FR1	450～6 000 MHz
FR2	24 250～52 600 MHz

5G NR 信道带宽和传输带宽如图 2.5 所示。两边是保护带宽，中间是传输带宽。与 LTE 类似，5G 的资源传输单位为 RB（Resource Block），在频域占用 12 个载波数，但在时域占用的 OFDM 符号数不固定，通过系统动态确定。

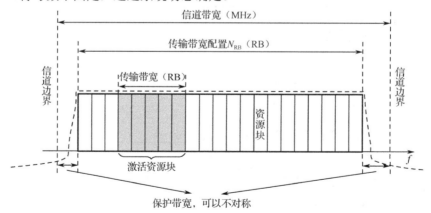

图 2.5　5G NR 信道带宽和传输带宽

FR1 的最大传输带宽如表 2.3 所示，FR2 的最大传输带宽如表 2.4 所示。以 5 MHz 带宽、15 kHz 子载波间隔为例，一共包含 25 个 RB，则 25 个 RB 一共占用的带宽为：25 RB×

12 RE×15 kHz（子载波间隔）+15 kHz（一个保留 RE）=4 515 kHz。剩余的为保护间隔。其他情况同理。表 2.3 也体现了下行的各自的最大 RB 数和最小 RB 数定义，以及支持单载波情况下的 UE 和 gNB 需要最大的 RF 带宽。

表 2.3 FR1 的最大传输带宽

子载波间隔/kHz	信道带宽/MHz										
	5	10	15	20	25	30	40	50	60	80	100
	N_{RB}	N_{RB}	N_{RB}	N_{RB}	N_{RB}	N_{RB}	N_{RB}	N_{RB}	N_{RB}	N_{RB}	N_{RB}
15	25	52	79	106	133	[TBD]	216	270	N/A	N/A	N/A
30	11	24	38	51	65	[TBD]	106	133	162	217	273
60	N/A	11	18	24	31	[TBD]	51	65	79	107	135

表 2.4 FR2 的最大传输带宽

子载波间隔/kHz	信道带宽/MHz			
	50	100	200	400
	N_{RB}	N_{RB}	N_{RB}	N_{RB}
60	66	132	264	N.A
120	32	66	132	264

FR1 的最小保护带宽如表 2.5 所示，FR2 的最小保护带宽如表 2.6 所示。

表 2.5 FR1 的最小保护带宽

子载波间隔/kHz	信道带宽/MHz									
	5	10	15	20	25	30	40	50	60	80
15	242.5	312.5	382.5	452.5	522.5	552.5	692.5	N/A	N/A	N/A
30	505	665	645	805	785	905	1 045	825	925	845
60	N/A	1 010	990	1 330	1 310	1 610	1 570	1 530	1 450	1 370

表 2.6 FR2 的最小保护带宽

子载波间隔/kHz	信道带宽/MHz			
	50	100	200	400
60	1 210	2 450	4 930	N/A
120	1 900	2 420	4 900	9 860

最小保护带宽计算公式为

（CHBW × 1 000（kHz）−RB value × SCS × 12）/2−SCS/2

其中，CHBW 为信道带宽；SCS 为子载波间隔。

OFDM 帧结构如图 2.6 所示。

图 2.6　OFDM 帧结构

$\mu=0$ 帧结构与 LTE 类似，时隙的定义有差别。

每个 10 ms 无线帧被分为两个半帧、10 个子帧，一个子帧中的时隙个数由参数 μ 确定。

$T_c=1/$（48 000×4 096）是基本时间单元，T_s 是沿用的 LTE 基本时间单元。

每个时隙中的 OFDM 符号可配置成上行、下行或 Flexible。

5G 有多个参数集（Numerology），包括子载波间隔、符号长度、CP 长度等，是 5G 的一大新特点，其可混合和同时使用。参数集由子载波间隔（Subcarrier Spacing）和循环前缀（Cyclic Prefix）定义。在 LTE/LTE-A 中，子载波间隔是固定的 15 kHz，5G NR 定义的最基本的子载波间隔也是 15 kHz，但可灵活扩展。

帧结构如图 2.7 所示。5G 物理层基于资源块以带宽不可知的方式定义，从而允许 NR 物理层适用于不同频谱分配。一个资源块（RB）以给定的子载波间隔占用 12 个子载波。一个无线帧时域为 10 ms，由 10 个子帧组成，每个子帧为 1 ms。一个子帧包含 1 个或多个相邻的时隙，每个时隙有 14 个相邻的符号。

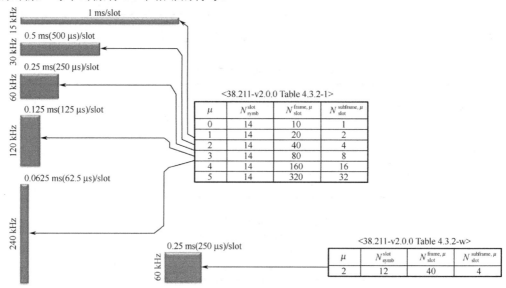

图 2.7　帧结构

每个子帧包含多少个 slot 是根据 μ 值来确定的，目前 μ 取值有 5 个，为 0,1,2,3,4。其中，0 对应的子载波间隔是 15 kHz，每个子帧有 1 个 slot；1 对应的子载波间隔是 30 kHz，每个子帧有 2 个 slot；2 对应的子载波间隔是 60 kHz，每个子帧有 4 个 slot；3 对应的子载波间隔是 120 kHz，每个子帧有 8 个 slot；4 对应的子载波间隔是 240 kHz，每个子帧有 16 个 slot。因为 μ 值不一样，对应的子载波间隔不一样，从而对应的 symbol 长度也不一样，但是子帧的长度是 1 ms。

每个时隙中的 OFDM 符号可配置，如图 2.8 所示。对于上行时隙，可以使用上行和 Flexible 的 OFDM 符号进行上行传输。NR 中没有专门针对帧结构按照 FDD 或 TDD 进行划分，而是按照更小的颗粒度 OFDM 符号级别进行上下行传输的划分，slot format 配置可以使调度更为灵活，一个时隙内的 OFDM 符号类型可以被定义为下行符号（D）、灵活符号（X）或上行符号（U）。在下行传输时隙内，UE 假定所包含符号类型只能是 D 或 X；而在上行传输时隙内，UE 假定所包含的覆盖类型只能是 U 或 X。目前定义了 62 个 slot format，62～255 预留。

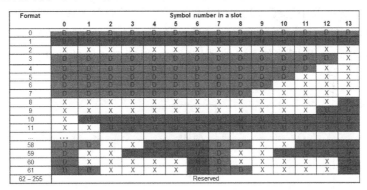

图 2.8 每个时隙中的 OFDM 符号可配置

对于下行时隙，可以使用下行和 Flexible 的 OFDM 符号继续下行传输。

NR 中的时频域资源依然采取资源栅格的方式进行定义，资源栅格的最小时频域单位仍然是资源元素 RE，如图 2.9 所示。RE（Resource Element）为时间上一个 OFDM 符号，频域上一个子载波；RB（Resource Block）为在频域连续的 12 个子载波。

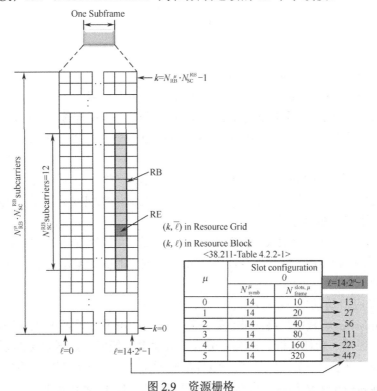

图 2.9 资源栅格

在 LTE 中，UE 的带宽与系统的带宽保持一致，解码 MIB 信息配置带宽后便保持不变。在 NR 中，采用 BWP（Bandwidth Part）技术，UE 的带宽可以动态的变化，如图 2.10 所示。第一个时刻，UE 的业务量较大，系统给 UE 配置一个大带宽（BWP₁）；第二个时刻，UE 的业务量较小，系统给 UE 配置了一个小带宽（BWP₂），满足基本的通信需求即可；第三个时刻，系统发现 BWP₁ 所在带宽内有大范围频率选择性衰落，或者 BWP₁ 所在频率范围内资源较为紧缺，于是给 UE 配置了一个新的带宽（BWP₃）。UE 在对应的 BWP 内只需要采用对应 BWP 的中心频点和采样率即可。而且，每个 BWP 不仅仅是频点和带宽不一样，每个 BWP 可以对应不同的配置。例如，每个 BWP 的子载波间隔、CP 类型、SSB（PSS/SSS PBCH Block）周期等都可以差异化配置，以适应不同的业务。

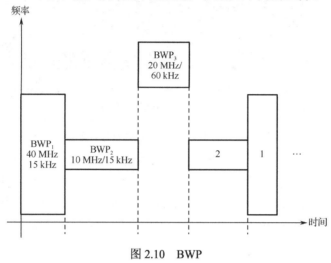

图 2.10　BWP

2）NOMA

在 OFDM 子载波内采用 NOMA 技术。

NOMA 用来在 mMTC、uRLLC、eMMB 小字节传输中使用。

目前，5G 最主要的应用场景还是 mMTC，不需要像之前那样传 preamble 码，减少了信令开销，同时降低了功耗。另外，NOMA 技术可以使多个用户共享资源块，所以增加了海量终端连接数。

对于 eMBB，相同的是可以多个用户共享资源，提升了频谱效率，降低了功耗（NOMA 主要支持小包突发性业务，eMBB 也有小包业务，大包业务对于接收机的复杂度要求高，所以一般不提大数据包业务）。

对于 uRLLC，用户接入更快（两步接入），时延降低，可靠性提升（主要针对时延来看）。

NOMA 会在下面的多个场景下全面地适应网络效率的提升要求，而且它必须要适应不连续的、突发的小数据包业务。

（1）NOMA 应用场景——mMTC。

在 5G 的 mMTC 场景中，终端节点数量特别巨大：每平方千米内 100 万部设备，势必要求节点的成本很低，功耗很低。在海量节点、低速率、低成本、低功耗的要求下，4G 系统是无法满足的。其主要体现为 4G 系统设计的时候主要针对的是高效的数据通信，是通过严格的接入流程和控制来达到这一目的的。如果非要在 4G 系统上承载上述场景，则势必造

成接入节点数远远不能满足要求，信令开销不能接受，节点成本居高不下，尤其是节点功耗不能数量级降低，因此有必要设计一种新的多址接入方式来满足上述需求。

RACH 过程也可以得到增强，NOMA 的设计目标是提高接入容量（即类似于 mMTC 的容量），同时实现准确的定时提前（TA）估计。RACH 中的传统四步可简化为两个步骤，其中带有前导码和数据一起传输。NOMA 在发送端应用扩频/交织加扰，在接收端使用高级接收器，即使存在异步和冲突，来自多个 UE 的叠加 RACH 信号（包括前导码和数据）也可以被解码，这可以显著提高 RACH 的传输效率。两步 RACH 过程从 RRC 空闲态开始，UE 标识在数据部分中进行，一旦这个数据被成功解码，gNB 就会向 UE 发送一个响应。

（2）NOMA 应用场景——eMBB。

小区边缘用户偏高的发射功率会引发显著的站间干扰，小区边缘用户基于传统接入方案的非激活状态终端在信令开销和高功率消耗上不可避免，导致整体上小区边缘的频谱效率相对较低。

NOMA 通过基于竞争的空口资源共享和基于比特级的数据扩展增强频谱效率，从而降低了终端功耗和空口信令开销。

（3）NOMA 应用场景——uRLLC。

针对周期性或事件触发的相对小数据包的流量业务，基于现有交互式确认方案在 RTT 时延和空口信令开销上都是低效的。

NOMA 的目标就是降低时延、提升可靠性和空口资源效率。

多用户共享接入（Multi User Shared Access，MUSA）是重要的 NOMA 技术。当不启用 MUSA 时，系统只使用 OFDM，如图 2.11 所示。

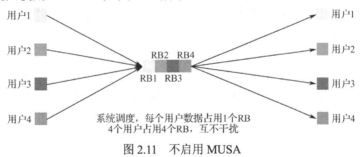

图 2.11 不启用 MUSA

3）Massive MIMO

多天线是指基站和终端收发的天线数明显增加。多天线技术分为四类：发送分集、空间复用、波束赋形、多用户 MIMO（Multiple-input Multiple-output，多输入多输出）。

（1）发送分集：主要原理是利用空间信道的弱相关性，结合时间/频率上的选择性，为信号的传递提供更多的副本，从而克服信道衰落，增强数据传输的可靠性。

（2）空间复用：在相同的时频资源上，存在多层，传输多条数据流。

（3）波束赋形：一种基于天线阵列的信号预处理技术，波束赋形通过调整天线阵列中每个阵元的加权系数产生具有指向性的波束，从而能够获得明显的阵列增益。优点：扩大覆盖范围、改善边缘吞吐量及干扰抑制等。

波束赋形的方法如下：

① 基于信道互易性的波束赋形。对于 TDD 系统，可以方便地利用信道的互易性，通

过上行信号估计信道（SRS）传播向量，并用其计算波束赋形向量。基站通过对 SRS 的测量获得 CSI 并计算每个流的波束赋形向量。

② 基于码本的波束赋形。基站根据 UE 上报的 RI-PMI-CQI 组合得知用于 PMI 模式的最佳波束。UE 通过 CSI-RS，按照闭环空间复用获得最佳性能的 PMI 和 RI，并计算基站使用其推荐的 PMI 之后获得的信道质量进行波束赋形。

波束用 4 元组刻画：方向角、倾角、水平波束宽度、垂直波束宽度，如图 2.12 所示。

方位角：正北方向为 0°，顺时针旋转依次为 0°～360°。

下倾角：天线法线（垂直于天线平面）与波束中线夹角，向下为正，向上为负。

波束宽度：波束两个半功率点（下降 3 dB）之间的夹角，分为水平波束宽度和垂直波束宽度。

水平波束宽度：在水平方向上，在最大辐射方向两侧，辐射功率下降 3 dB 的两个方向的夹角。

垂直波束宽度：在垂直方向上，在最大辐射方向两侧，辐射功率下降 3 dB 的两个方向的夹角。

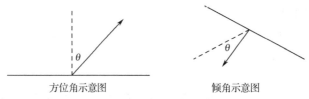

方位角示意图　　　　　　　倾角示意图

图 2.12　波束赋形

（4）多用户 MIMO：将用户数据分解为多个并行的数据流，在指定的带宽上由多个发射天线同时发射，经过无线信道后，由多个天线同时接收，并根据各个并行数据流的空间特征，利用解调技术，最终恢复出原数据流。

Massive MIMO 即大规模 MIMO 技术，其基站天线数量远大于传统 MIMO，能有效提高系统容量和频谱效率。Massive MIMO 技术以 MIMO 技术为基础，其在发射端和接收端分别使用多个发射天线和接收天线，使信号通过发射端和接收端的多个天线传送和接收，从而改善通信质量。

Massive MIMO 技术的优点如下：

（1）波束分辨率变高，信道向量具有精细的方向性。

（2）强散射环境之下用户信道具有低相关性。

（3）视距环境之下用户信道空间自由度提高。

（4）阵列增益明显增加，干扰抑制能力提高。

Massive MIMO 也称为 3D MIMO。传统 MIMO 只支持单纯水平面或垂直面的信号分析。平面信号无法识别中心用户和小区边缘用户；无法跟踪终端，消除其对其他用户或小区产生的干扰；无法对高层楼宇进行广度和深度的室内覆盖。

3D MIMO 支持水平面和垂直面的三维信号分析。三维立体信号可以识别中心用户和小区边缘用户；可以灵活地跟踪终端，消除其对其他用户或小区产生的干扰；可以对高层楼宇进行广度和深度的室内覆盖。

Massive MIMO 技术以参考信号为基础。UE 接入、波束赋形、数据传输等过程中都要

用到 SSB、CSI-RS、SRS、DMRS 等参考信号，这些参考信号在测试场景中有多种配置。

（1）SSB（Synchronization Signal Block，同步信号块）：用于发送广播信号及同步信号，由 PSS（Primary Synchronization Signal，主同步信号）、SSS（Secondary Synchronization Signal，辅同步信号）和 PBCH（Physical Broadcast Channel，物理广播信道）组成。

SSB 在时域上占用 4 个符号，频域上占用 20 个 RB。

SSB 在 5 ms 时间窗（半帧）的前 2 ms，每个 slot 最多支持 2 个 SSB，时域上最多支持 8 个 SSB。语音业务典型帧结构中最多支持 7 个 SSB（最后一个被 Gap 和 SRS 符号占用）。

SSB 支持单波束（广播波束）和多波束（窄波束）发送，每个波束对应一个 SSB 发送位置，如图 2.13 所示。

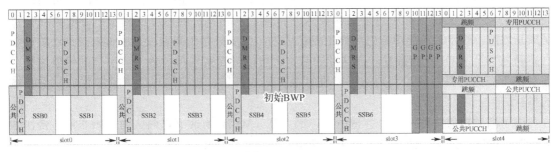

图 2.13　SSB

（2）CSI-RS（Channel State Information Reference Signal，信道质量参考信号）：UE 通过 CSI 将下行信道质量信息反馈给基站，以便基站更好地选择时频资源。

CSI-RS 是由基站发送参考信号，由终端进行信道估计同时测量参数，之后上报给基站。支持多端口的信道质量反馈。发送周期为 10 ms。

CSI 测量参数主要包括 CQI（Channel Quality Indicator，信道状态指示）、PMI（Precoding Matrix Indicator，预编码矩阵指示）和 RI（Rand Indication，秩指示）等。

（3）SRS（Sounding Reference Signal，信道探测参考信号）：用于估计上行信道，选择 MCS 和上行频率选择性调度。在 TDD 系统中，基于信道的互易性，估计上行信道矩阵 H，可用于下行波束赋形，如图 2.14 所示。

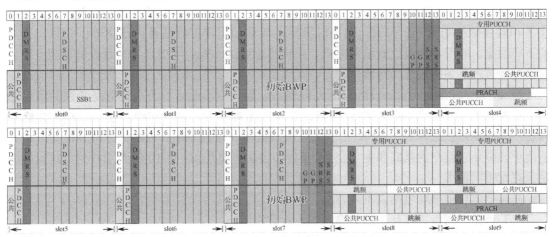

图 2.14　SRS

（4）DMRS（Demodulation Reference Signal，解调参考信号）：分为业务信道解调参考信号、控制信道解调参考信号，用作信道估计从而可解调接收数据。

DMRS 的作用在于利用其进行信道估计，之后解出发送信号。DMRS 同样可以通过其梳状资源的时分、频分、码分进行复用。

4）毫米波技术

为满足 5G 所期望达到的 KPI，使用更高的带宽是一个必然的选择，而大带宽目前只有在较高频段才可能提供。ITU 针对 5G 提出了 8 个关键指标，其中 peak data rate 大于 20 Gbps，area traffic capacity 大于 10 Mbps/m^2，user experienced data rate 大于 100 Mbps，都是针对移动系统吞吐量方面提出的指标。要想提升吞吐量，主要是从三个方面来努力：更高的频谱效率、更密集的站点部署和更大的带宽；从香农定理也可以看出，吞吐量与带宽是成正比的。在 5G 通信中考虑高频主要是因为，目前只有在高频段上才可以找到连续的数百兆赫兹甚至 1 GHz 的带宽，在这样的带宽上可以轻松实现每秒数十吉字节的峰值速率。而且由于高频传播特性，高频站可以进行很密集的部署，相应地也能支持单位面积吞吐量的指标。

由于高频覆盖受限，但是容量巨大，因此在 eMBB 场景下普遍认为高频非常适合作为热点覆盖的解决方案，而且可以跟 4G 或 5G 低频结合起来，为用户提供无缝的服务。

从具体网络功能要求上来说，IMT-2020（5G）推进组定义了 5G 的 4 个主要的应用场景：连续广域覆盖、热点高容量、低功耗大连接和低时延高可靠性。连续广域覆盖和热点高容量场景主要满足 2020 年及未来的移动互联网业务需求，也是传统 4G 的主要技术场景。连续广域覆盖场景是移动通信最基本的覆盖方式，以保证用户的移动性和业务连续性为目标，为用户提供无缝的高速业务体验。热点高容量场景主要面向局部热点区域，为用户提供极高的数据传输速率，满足用户极高的流量密度需求。为了实现更高网络容量，无线传输增加传输速率有三种方法：增加频谱利用率、增加频谱带宽、增加站点，最直接的办法就是增加频谱带宽，使用高频传输可以获取更大的频谱带宽，比较适合热点覆盖场景。

也有运营商把高频的率先应用场景定位在固定宽带接入上，寄希望于 5G 高频能提供与光纤相近的性能，解决光纤部署困难地方的最后一英里接入，即 FWA（固定无线接入）。

FWA 并非只是替代光纤最后一公里接入，实际上同时满足了两种 5G 用例：固定无线接入和增强型移动宽带。白天，它可以为附近的移动用户提供高速无线宽带；夜里，当人们下班回家，它可以通过改变波束方向，指向家庭中的 FWA 终端，为家庭提供高速上网。这使得该技术具备扩展性和持续性。

在 FTTH（Fiber to The Home，光纤到户）建设中，最后一公里接入是复杂的环节之一，也是最难啃的硬骨头，有物业阻挠、二次施工难度大、室内布线业主担心损坏装修等问题，且后期维护成本高。FWA 由于采用无线接入，建设和维护成本低、部署便捷，尤其适用于光纤还未到户的家庭和中小企业。同时，5G 速率是 4G 的 10 倍到 100 倍，这也能满足家庭宽带的需求。

高频信道传播损耗包括以下几方面。

（1）自由空间传播损耗：随频率增加呈对数级增加。

（2）穿透损耗：高频段的穿透损耗远远大于低频段。例如，对于一堵墙，28 GHz 的穿透损耗要比 2 GHz 大 20 dB 左右。

（3）衍射绕射损耗：高频的衍射和绕射能力都弱于低频。

（4）雨衰和大气影响：高频段信号雨衰大于低频段信号，雨量越大差距越明显。

典型场景下，10 GHz/28 GHz 相对 2.6 GHz 具有额外的传播损耗，如表 2.7 所示。

表 2.7 传播损耗对比

自由空间传播损耗	衍 射 损 耗	树叶穿透损耗	房子穿透损耗	室 内 损 耗	总 损 耗
10 GHz：+12 dB	10 GHz：+5 dB	10 GHz：+4 dB	10 GHz：+8 dB	10 GHz：+2 dB	10 GHz：+30 dB
28 GHz：+20 dB	28 GHz：+10 dB	28 GHz：+8 dB	28 GHz：+14 dB	28 GHz：+5 dB	28 GHz：+57 dB

虽然高频传播损耗非常大，但是由于高频段波长很短，因此可以在有限的面积内部署非常多的天线阵子，通过大规模天线阵列形成具有非常高增益的窄波束来抵消传播损耗。

一个 5G 高频基站的覆盖由多个不同指向的波束所组成；同时 UE 的天线也会具有指向性。波束管理的核心任务是如何找到具有最佳性能的发射—接收波束对，如图 2.15 所示。

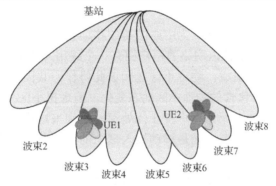

图 2.15 高频波束管理

基于高频的传播特性，单独的高频很难独立组网。在实际网络中，可以通过将 5G 高频与 4G 低频或 5G 低频一起实现一个高低频的混合组网。在这种架构下，低频承载控制面信息和部分用户面数据，高频在热点地区提供超高速率用户面数据，如图 2.16 所示。

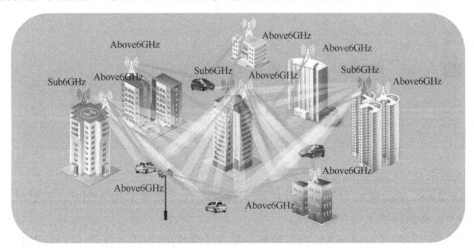

图 2.16 高低频混合组网

2. 5G 网络技术

1）超密集组网（UDN）

未来移动数据业务飞速发展，热点地区的用户体验一直是当前网络架构中存在的问题。由于低频段频谱资源稀缺，仅仅依靠提升频谱效率无法满足移动数据流量增长的需求。超密集组网通过增加基站部署密度，可实现频率复用效率的巨大提升，但考虑到频率干扰、站址资源和部署成本，超密集组网可在局部热点区域实现百倍量级的容量提升，其主要应用场景将在办公室、住宅区、密集街区、校园、大型集会、体育场和地铁等热点地区。超密集组网可以带来可观的容量增长，但是在实际部署中，站址的获取和成本是超密集小区需要解决的首要问题。

虚拟小区（Virtual Cell）是解决边界效应的关键，其核心思想是"以用户为中心"提供服务。虚拟小区由用户周围的多个接入节点组成，它就像影子一样随着用户的移动及周围环境的变化而快速更新，使无论用户在什么位置都可以获得稳定的数据通信服务，达到一致的用户体验。

虚拟小区打破了以"蜂窝小区"为中心的传统移动接入网理念，转变为完全以"用户为中心"的接入网络。即每个接入网络的用户拥有一个跟用户相关的"虚拟小区"，该小区由用户周边的几个物理小区组成，物理小区之间彼此协作，共同服务于该用户。当用户在网络中移动时，该虚拟小区包含的物理小区动态变化，但虚拟小区 ID 保持不变。因而在用户移动过程中没有切换发生，无论用户身在何处都能得到来自周边多个物理小区的良好信号覆盖和最佳的接入服务。虚拟小区是移动接入理念的一次革命，真正实现了从"用户找网络"到"网络追用户"的转变。

传统 Cell ID 不再那么重要，虚拟小区中网络动态生成针对特定用户的 UE ID；在用户看来，以用户自己为中心，周围的虚拟逻辑站点一直跟着自己移动；多小区在高层协同调度，使虚拟小区簇中的所有小区高度步调一致。用户快速发现小区，节省控制信令；无切换体验，用户一直是服务中心，提升了业务的平滑性，如图 2.17 所示。

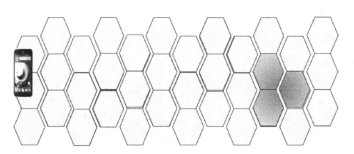

图 2.17　虚拟小区

2）无线云化（Cloud RAN）

Cloud RAN 架构包括用于虚拟化的通用硬件平台，兼容多接入制式，开放式业务平台，有利于业务的快速上线和定制化。

如图 2.18 所示，Cloud RAN 可以理解为融合了演进的 SDR（支持 4G/5G/WiFi 多技术接入）+5G 网络切片能力的云化网络。

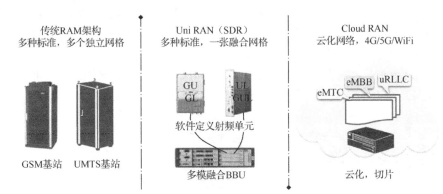

图 2.18　RAN 架构演进

Cloud RAN 的特征如下：

（1）灵活的网络切片，支持多样化业务需求。

（2）开放能力和 MEC，快速使能业务创新。

（3）深度协同的多接入技术，提供极致的用户体验。

（4）弹性容量调整，最大化网络资源效率。

通过云化平台来实现通信过程是通信行业的发展趋势，也是运营商为了更好地适应多变的业务发展趋势而提出的一种新型网络架构。

Cloud RAN 通过灵活的网络切片，支持多样化的业务与部署形态，如图 2.19 所示。网络切片应用于各种无线制式和服务。每种切片模式均基于通用 IT 架构并利用 IT BBU 通过软件定义。IT 基站内的 CPU 和存储资源可以根据不同的业务类型为控制面进行资源的动态分配，而用户面可通过软件定义进行各种模式的重构。

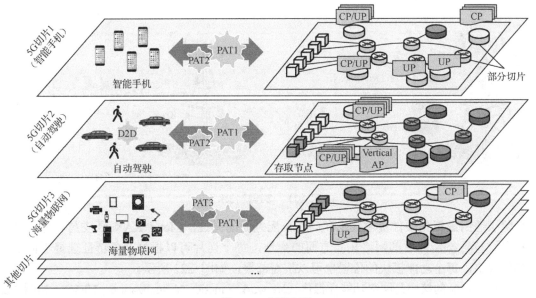

图 2.19　网络切片

Cloud RAN 方案支持开放的网络容量和移动边缘计算，如图 2.20 所示。不仅能为用户提供基本的接入业务，还能快速集成和灵活部署创新业务。另外，部分网络功能（如用户面过程、缓存、CDN、加密网关等）通过云化技术下沉到无线侧，可以减少业务时延，同时提供更好的用户体验。

同时，Cloud RAN 可以提供开放的 API 接口和应用开发环境来加速创新业务的孵化，如定位查询业务、精准的定位和导航、资产跟踪、业务推广等。

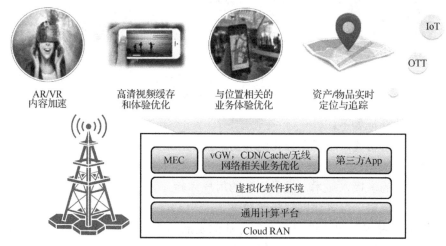

图 2.20　开放能力与 MEC

现有智能终端上 3G、4G、WiFi 网络的连接模式都是多选一，即使 WiFi 和数据连接同时启动，也是工作在 WiFi 优先模式，而不是多连接同时工作的模式。未来 Cloud RAN 支持多种接入技术的业务聚合（即终端同时接入多种无线网络），因而可以达到更高的接入速率和更大的灵活性，如图 2.21 所示。

图 2.21　多连接技术

除了通用虚拟化硬件资源共享和动态分配方面的弹性，Cloud RAN 还支持业务功能灵活拆分、位置按需部署的网络拓扑方面的弹性，每个切片可以根据业务特征选择不同的业务功能模块，每个功能模块的位置也可以按需部署，如图 2.22 所示。

Cloud RAN 的核心是网络功能虚拟化（Network Function Virtualization，NFV），如图 2.23 所示。虚拟化的目标是，通过基于行业标准的 x86 服务器、存储和交换设备，来取代通信网的那些私有专用的网元设备。由此带来的好处是，一方面基于 x86 标准的 IT 设备成本低

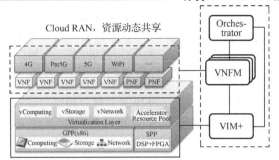

传统RAN架构，资源互相独立　　　　Cloud RAN，资源动态共享

硬件资源只能做静态分配　　　　　　硬件资源实现完全动态管理与分配
或以半静态方式共享

图 2.22　弹性网络

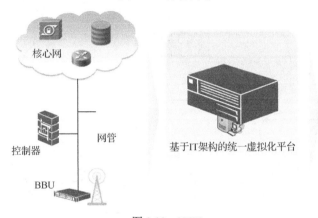

图 2.23　NFV

廉，能够为运营商节省巨大的投资成本，另一方面开放的 API 接口，也能帮助运营商获得更多、更灵活的网络能力。

通过软硬件解耦及功能抽象，网络设备功能不再依赖于专用硬件，使资源可以充分灵活共享，实现新业务的快速开发和部署，并基于实际业务需求进行自动部署、弹性伸缩、故障隔离和自愈等。

无线虚拟化主要在 CU 上来实现，同时在中心机房的云平台上可以配置 MEC、CDN、CN 用户面等，可以结合 MEC 的网络架构来理解。

3）多接入边缘计算（MEC）

多接入边缘计算（Multi-access Edge Computing，MEC）是一种使能网络边缘业务的技术，具备超低时延、超高带宽、实时性强等特性，是 IT 与 CT 业务结合的理想载体平台。

Multi-access：一是指多种网络接入模式，如 LTE、WiFi、有线，甚至 ZigBee、LoRa、NB-IoT 等各种物联网应用场景；二是指多接入实现无处不在的一致性用户体验。

Edge：网络功能和应用部署在网络的边缘侧，尽可能靠近最终用户，降低传输时延。

Computing：Cloud + Fog 计算，采用云计算 + 雾计算的技术，降低大规模分布式网络建设和运维成本。

MEC 作为 5G 网络体系架构演进的关键技术，可满足系统对于吞吐量、时延、网络可伸缩性和智能化等多方面要求。

依托于 MEC，运营商可将传统外部应用拉入移动网络内部，使得内容和服务更贴近用户，提高移动网络速率、降低时延并提升连接可靠性，从而改善用户体验，开发网络边缘的更多价值。

MEC 架构如图 2.24 所示。MEC 是在靠近物或数据源头的网络边缘侧，融合网络、计算、存储、应用核心能力的开放平台。MEC 就近提供智能互联服务，满足行业在数字化变革过程中对业务实时、业务智能、数据聚合与互操作、安全与隐私保护等方面的关键需求。

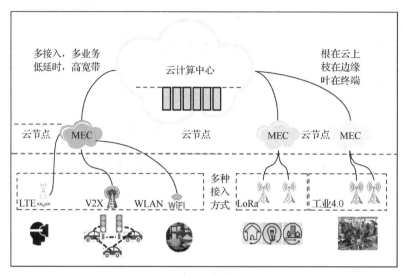

图 2.24　MEC 架构

MEC 典型应用场景如下：

（1）终端密集计算辅助（提供终端实时追踪和位置服务）。在物联网中，终端设备或传感器要做到成本尽可能低、连续（不断电）工作时间尽可能长。有些物联网设备可能也需要把数据上传至云端进行分析并把决策指令回传（如抢险机器人在前行时遇到障碍物，就需要以图像识别技术摄像并上传云端，由云端把清障方式回传）。

（2）在企业本地业务中的应用（通过本地流量卸载，服务企业本地业务）。在企业办公方面，企业业务也正转向由云平台提供，以方便员工进行移动（云）办公，以自有设备接入企业专用网络。另外，移动通信基础网络运营商还面临一个巨大的市场机遇：在企业园区部署小基站/小小区，向移动企业客户提供统一通信及服务。

（3）车联网。车联网的数据传送量将会不断增加，其对于延迟/时延的需求也越来越大。将 MEC 技术应用于车联网之后，可以把车联网云"下沉"至高度分布式部署的移动通信基站。部署于基站、小基站甚至汇聚站点的 MEC 服务器，通过运行移动边缘计算应用（App）提供各种车联网功能。MEC 还可以使数据及应用就近存储于离车辆较近的位置（从而可减小延迟/时延），并使能出一个来自移动核心网络及互联网所提供的应用的抽象层。

（4）IoT（物联网）网关服务。物联网数据基本都是采用不同协议加密的小包。而这些由"海"量物联网设备所产生的"海"量数据需要很大的处理及存储容量，从而就需要有

一个低延迟/时延的汇聚节点来管理不同的协议、消息的分发、分析的处理/计算等。

如果采取 MEC 技术，上述的汇聚节点就将被部署于接近物联网终端设备的位置，提供传感数据分析及低延迟响应。

（5）智能移动视频加速（视频缓存/性能提升）。网络拥塞是产生包丢失和高延迟的主要原因，进而降低蜂窝网络资源利用率、应用性能及用户体验。这种低效性的根本原因在于TCP 协议很难实时地适应快速变化的无线网络条件。

基于 MEC 的智能视频加速可以改善移动内容分发效率低的情况：于无线接入网 MEC部署无线分析应用（Radio Analytics Application），为视频服务器提供无线下行接口的实时吞吐量指标，以助力视频服务器做出更科学的 TCP（传输控制协议）拥塞控制决策，并确保应用层编码能与无线下行链路的预估容量相匹配。

（6）监控视频流分析。如果运用 MEC 技术，就可以无须再在摄像头处进行视频处理/分析，这样可降低成本（尤其是当需要部署大量摄像头时）。对此，移动边缘计算服务器的做法是将视频分析"本地化（即靠近移动通信基站的位置）"，从而在客户仅需要一小段视频信息时，无须回传大量的监控视频至应用服务器（需流经移动核心网络）。

（7）AR/VR（增强现实/虚拟现实）。AR 需要能有一个相关的应用（App）来对摄像机输出的视频信息及所在的精确位置进行综合分析，并需要实时地感知用户所在的具体位置及所面对的方向（采取定位技术或通过摄像头视角或综合运用），再依此给用户提供一些相关的额外信息——如果用户移动位置或改变面朝的方向，这种额外信息也要及时得到更新。

于是，在 AR 服务的提供中，应用 MEC 技术有着很大的优势。这是由于 AR 信息（用户位置及摄像头视角）是高度本地化的，对这些信息的实时处理最好是在本地（MEC服务器）进行而不是在云端集中进行，以最大限度地减小 AR 延迟/时延，提高数据处理的精度。

（8）网络切片技术。在未来网络中，不同类型应用场景对网络的需求是差异化的，有的甚至是相互冲突的。不同的应用场景在网络功能、系统性能、安全、用户体验等方方面面都有着非常不同的需求。通过单一网络同时为不同类型应用场景提供服务，会导致网络架构异常复杂、网络管理效率和资源利用效率低下。因此，5G 网络需要一个融合核心网，能同时应对大量的差异化场景需求，于是提出了 5G 阶段的开放网络架构框架的服务和运营需求，这种新概念被称为网络切片。

网络切片技术是指通过虚拟化将一个物理网络分成多个虚拟的逻辑网络，每一个虚拟网络对应不同的应用场景。网络切片是一组网络功能（Network Function）及其资源的集合，由这些网络功能形成一个完整的逻辑网络，每一个逻辑网络都能以特定的网络特征来满足对应业务的需求，通过网络功能和协议定制，网络切片为不同类型业务场景提供所匹配的网络功能。其中，每个切片都可独立按照业务场景的需要和话务模型进行网络功能的定制剪裁和相应网络资源的编排管理，是对 5G 网络架构的实例化。

网络切片使网络资源与部署位置解耦，支持切片资源动态扩容、缩容的调整，提高网络服务的灵活性和资源利用率。网络切片的资源隔离特性增强了整体网络的健壮性和可靠性。

有些网络功能和资源可以在多个网络切片之间共享。另外，需要考虑网络功能定义的粒度选择，粒度如果选择得太细，在带来灵活性的同时也会带来巨大的复杂性。不同功能组合及网络切片应用需要复杂的测试，而且不同网络之间的互操作性问题也不可忽视。所以，需要确定一个合适的粒度，在灵活性和复杂性之间取得平衡。粒度的选择也会影响提供解决方案的整个生态系统的组成。为了使支持下一代业务和应用的网络切片方案更开放，第三方应用需要通过安全而灵活的 API 接口对网络切片的某些方面进行控制，以便提供一些定制化的服务。

实现 5G 网络新型设施平台的基础是 NFV 和 SDN 技术，NFV 通过软件和硬件的分离，为 5G 网络提供了更具弹性的基础设施平台，组件化的网络功能模块实现了控制功能的可重构。NFV 使网络功能与物理实体解耦，采用通用硬件取代专用硬件，可以方便快捷地把网元功能部署在网络中任意位置，同时对通用硬件资源实现按需分配和动态伸缩，以达到最优的资源利用率。

5G 网络通过 SDN 技术能获得极大的灵活性及可编程性，灵活的网络架构有助于网络切片的部署，并且通过端到端的 SDN 架构进行实例化。

（1）网络切片可以根据需要及任何标准来完成定义，并通过 SDN 架构实现业务实例化。

（2）网络切片可描述为彼此隔离的网络资源，而 SDN 架构支持通过客户端协议以地址、域名、流量负载等方式来实现资源隔离。

（3）5G 网络的部署和商用将是一个漫长过程，而 SDN 技术是实现 4G 网络逐步演进并与 5G 网络共存的关键技术之一

基于 SDN 架构上的端到端网络切片逻辑架构的功能为：通过 SDN 网络，动态、灵活地实现网络切片的实例化，以及切片管理器对网络切片的生命周期管理。

2.1.4 任务实施

描述以下技术概念：
（1）可扩展 OFDM；
（2）NOMA；
（3）Massive MIMO；
（4）毫米波技术；
（5）超密集组网 UDN；
（6）无线云化 Cloud RAN；
（7）多接入边缘计算 MEC；
（8）网络切片技术。
要求：分组讨论；使用 PPT 制作演示材料；能够描述清楚相应的概念。

任务 2.2　描述 5G NR 接口协议

2.2.1 任务描述

本任务介绍 5G NR 各接口协议，包括 NG 接口、Xn 接口、F1 接口和 Uu 接口。通过本任务的学习，能够描述 5G NR 接口协议，为后续章节打下基础。

2.2.2　任务目标

（1）能描述 5G 系统网元功能；

（2）能描述 NG 接口协议；

（3）能描述 Xn 接口协议；

（4）能描述 F1 接口协议；

（5）能描述 Uu 接口协议。

2.2.3　知识准备

扫一扫看
5GC 功能
微课视频

1．5G 系统网元功能

1）gNB/ng-eNB

gNB 为 5G 基站，逻辑上包括 CU 和 DU，主要功能包括无线信号发送与接收、无线资源管理、无线承载控制、连接性管理、无线接入控制、测量管理、资源调度等。ng-eNB 为 LTE 基站，基本功能同 5G 基站，但在物理空口上有区别。

gNB/ng-eNB 主要功能如下：

（1）无线资源管理：无线承载控制、无线接入控制、动态资源分配、连接态移动性控制。

（2）IP 头压缩、数据加密和完整性保护。

（3）AMF 选择。

（4）到 UPF 的用户面数据路由。

（5）到 AMF 的控制面路由。

（6）连接建立和释放。

（7）寻呼消息和系统广播消息的调度和传输。

（8）测量和测量上报配置。

（9）支持网络切片，支持双连接。

（10）QoS 流管理和到 DRB 的映射。

（11）支持 UE RRC_INACTIVE 态。

（12）NAS 消息转发。

2）AMF/UPF

5GC 包括 AMF 和 UPF。与 LTE 的 MME/SGW/PGW 类似，AMF/UPF 体现了控制面和媒体面分离的思想。

AMF：负责终端接入权限和切换等，类似 LTE 的 MME。其主要功能如下：

（1）NG 接口终止。

（2）移动性管理。

（3）接入鉴权、安全锚点功能。

（4）安全上下文管理功能。

UPF：负责用户数据处理，类似 LTE 的 SGW+PGW。其主要功能如下：

（1）intra-RAT 移动的锚点。

（2）数据报文路由、转发、检测及 QoS 处理。

（3）流量统计及上报。

2. 5G 系统接口

1）NG 接口

NG 接口为 gNB/ng-eNB 与 5GC 之间的接口，各基站通过 NG 接口与 5GC 交换数据，传输控制面信令和媒体面数据。NG 接口协议包括 NG-C 和 NG-U，分别处理控制面数据和媒体面数据，如图 2.25 所示。

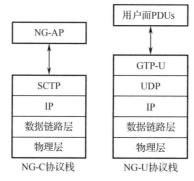

图 2.25　NG 接口协议

NG-C 接口协议功能如下：

（1）NG 接口管理。

（2）UE 上下文管理。

（3）UE 移动性管理。

（4）NAS 消息传输。

（5）寻呼。

（6）PDU 会话管理。

（7）配置转换。

（8）告警信息传输。

NG-U 接口协议功能如下：

（1）提供 NG-RAN 和 UPF 之间的用户面数据传递。

（2）数据转发。

（3）流控制。

2）Xn 接口

Xn 接口为 gNB/ng-eNB 之间的接口，各基站通过 Xn 接口交换数据，实现切换等功能。与 NG 接口类似，Xn 接口协议也包括 Xn-C 和 Xn-U，分别处理控制面数据和媒体面数据，如图 2.26 所示。

Xn-C 接口协议功能如下：

（1）Xn 接口管理。

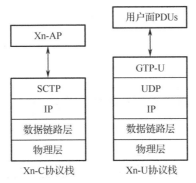

图 2.26　Xn 接口协议

（2）UE 移动性管理，包括上下文转移和 RAN 寻呼。

（3）切换。

Xn-U 接口协议功能如下：

（1）提供基站间的用户面数据传递。

（2）数据转发。

（3）流控制。

3）F1 接口

F1 接口是 gNB 中 CU 和 DU 的接口，包括 F1-C 和 F1-U，如图 2.27 所示。

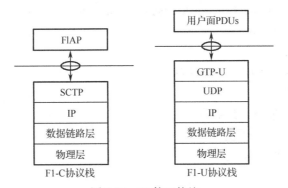

图 2.27　F1 接口协议

F1-C 接口协议功能如下：

（1）F1 接口管理。

（2）gNB-DU 管理。

（3）系统消息管理。

（4）gNB-DU 和 gNB-CU 测量报告。

（5）负载管理。

（6）寻呼。

（7）F1 UE 上下文管理。

（8）RRC 消息转发。

F1-U 接口协议功能如下：

（1）用户数据转发。

（2）流控制功能。

4）Uu 接口

Uu 接口为终端与 gNB 间的空中接口，如图 2.28 所示。

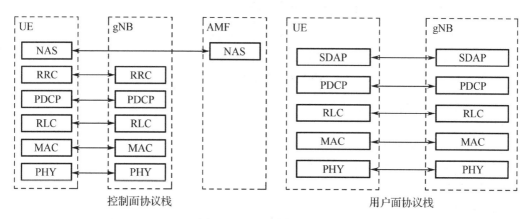

图 2.28　5G 无线接口协议

L1 PHY 为物理层，是 5G 区分于 4G 和其他代无线通信技术的根本。

L2 数据链路层包括 MAC（Media Access Control）、RLC（Radio Link Control）和 PDCP（Packet Data Convergence Protocol）。

MAC 层功能如下：

（1）逻辑信道与传输信道之间的映射。

（2）传输格式的选择。

（3）通过 HARQ 机制进行纠错。

（4）RLC PDU 的复用与解复用。

（5）业务量的测量与上报。

RLC 层功能如下：

（1）上层 PDU 的传输。

（2）通过 ARQ 纠错（仅适用于 AM 数据传输）。

（3）RLC SDU 的级联、分段和重组（仅适用于 UM 和 AM 数据传输）。

（4）RLC 数据 PDU 的重分段（仅适用于 AM 数据传输）。

（5）RLC 数据 PDU 的重排序（仅适用于 UM 和 AM 数据传输）。

（6）重复检测（仅适用于 UM 和 AM 数据传输）。

（7）RLC SDU 丢弃（仅适用于 UM 和 AM 数据传输）。

（8）RLC 重建。

PDCP 层功能如下：

（1）发送侧压缩、接收侧解压缩 IP 数据流（使用 ROHC 协议）。

（2）数据传输（包括 RRC 信令及用户面数据）。

（3）PDCP 的序号管理。

（4）切换时按序递交上层 PDU。

（5）切换时如果 RLC 为 AM，检测重复的下层 SDU。

（6）加密、解密用户数据及控制面信令。

（7）控制面数据的完整性保护。

（8）定时丢弃和重复丢弃。

RRC（Radio Resource Control）存在于控制面，功能如下：

（1）对 NAS 层提供连接管理、消息传递。

（2）为低层协议实体提供参数配置。

（3）负责 UE 移动性管理相关的测量、控制等。

NAS（Non-Access Stratum）存在于控制面，包括 EMM 和 ESM。

（1）EMM（EPS Mobility Management）：EPS 系统移动性管理，主要负责移动性管理相关过程，如附着/去附着、安全、标识索取、信息同步等，EMM 也涉及了连接管理 ECM 相关的内容，如业务请求、寻呼、NAS 信息传输等。

（2）ESM（EPS Session Management）：EPS 会话管理，主要包括会话建立、修改、释放及 QOS 协商，如建立和维护 UE 和 PDN GW 之间的 IP connectivity。

SDAP（Service Data Adaptation Protocol）存在于媒体面，功能如下：

（1）QoS 流与无线承载之间的映射。

（2）在上下行数据包中标识 QoS Flow ID（QFI）。

2.2.4　任务实施

描述以下技术概念：

（1）5G 系统网元功能；

（2）NG 接口协议；

（3）Xn 接口协议；

（4）F1 接口协议；

（5）Uu 接口协议。

要求：分组讨论；使用 PPT 制作演示材料；能够描述清楚相应的概念。

习题 2

1．请简述上行为什么选用 SC-OFDM 多址技术。

2．请简述为什么 $T_s=64T_c$。

3．请简述 5G 引入参数集概念是必然的。

4．请简述 5G 定义的两个频率范围及其支持的最大带宽和子载波间隔。

5．请简述下行 BCCH 的映射传输层到物理层的过程及其区别、内容。

6．请简述 LDPC 代替 Turbo 码的原因。

7．请简述 Polar 码的基本思想。

8．请简述使用 Massive MIMO 大规模天线的原因。

9．为什么高频损耗很大，但依然使用？

10．请简述 Cloud RAN 方案的优点。

11．请简述 NG-C 的功能。

12．请简述 NG 接口。

13．请简述 F1-C 协议接口的功能。

14．请简述 RRC_CONNECTED。

15．请简述 RRC 层功能。

16．请简述 RLC 的 AM 和 UM 的区别。

项目 **3**

5G 基站设备安装

项目概述

完成站点工程勘察、设备排产发货后，基站设备运输到站点，就到了设备安装的环节。本项目介绍 5G 基站设备安装的步骤和方法。通过本项目的学习，学员将具备 5G 基站设备安装工程师的工作技能。

学习目标

（1）能绘制 5G 基站硬件架构图；

（2）完成 5G 基站设备安装。

扫一扫看
本项目教
学课件

任务 3.1　绘制 5G 基站硬件架构图

3.1.1　任务描述

本任务介绍 5G 基站设备硬件架构，包括机柜、BBU、AAU、线缆等部分。通过本任务的学习，可以绘制 5G 基站硬件架构图。

注意：本任务的硬件内容为示例，各厂家具体设备会有细节区别，实际场景中以各厂家产品说明书为准。

3.1.2　任务目标

（1）了解 5G 基站硬件组成；

（2）了解 BBU 硬件架构；

（3）了解 BBU 单板功能；

（4）了解 AAU 硬件架构；

（5）了解 5G 基站线缆组成；

（6）绘制 5G 基站硬件架构图。

扫一扫看 gNB 详细功能微课视频

3.1.3　知识准备

1．机柜

5G 基站包括以下两种基本机柜。

扫一扫看基站硬件总体架构微课视频

1）基带柜

基带柜提供 5G 基站的电源部分和基带部分，如图 3.1 所示。

扫一扫看机柜 VC9910A 介绍微课视频

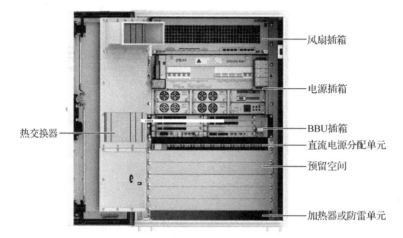

图 3.1　基带柜

2）电池柜

电池柜的主要功能是提供蓄电池的放置空间，如图 3.2 所示。

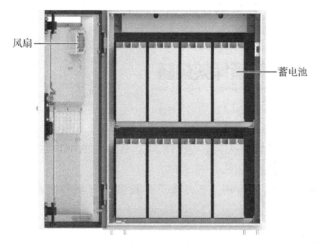

图 3.2　电池柜

基带柜可单独部署，也可与电池柜叠加部署，如图 3.3 所示。

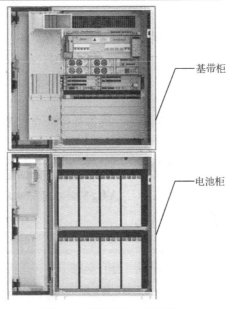

图 3.3　基带柜和电池柜叠加

2. 插箱

1）风扇插箱

风扇插箱如图 3.4 所示，其功能如下：

（1）完成对机柜内的散热处理。

（2）实现对风扇状态的检测（包括风口温度检测，门禁、烟雾、水浸等环境告警）、监控与上报。

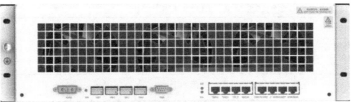

图 3.4　风扇插箱

2）电源插箱

电源插箱提供将外部输入的交流电转换为内部可使用的直流电功能，如图 3.5 所示。

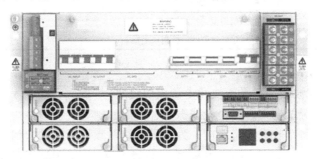

图 3.5　电源插箱

3）BBU 插箱

5G 基站普遍采用 BBU+AAU 的模式（有些场景采用 BBU+RRU 模式）。其中，BBU（Base Band Unit，基带模块）负责基带信号的处理；RRU（Remote Radio Unit，拉远射频单元）负责基带信号和射频信号的转换，以及射频信号的处理；AAU（Active Antenna Unit，有源天线单元）为 RRU 和天线一体化设备。

BBU 是基带单元，可以集成在基带柜内，连接外接分布式基站的 RRU 或 AAU。BBU 插箱如图 3.6 所示。

图 3.6　BBU 插箱

BBU 包括多个插槽，可以配置不同功能的单板，如表 3.1 所示。

表 3.1　BBU 的模块

单 板 名 称	功　能
主控板	实现基带单元的控制管理、以太网交换、传输接口处理、系统时钟的恢复和分发及空口高层协议的处理
基带板	用来处理 3GPP 定义的 5G 基带协议，功能如下： ● 实现物理层处理； ● 提供上行/下行信号； ● 实现 MAC、RLC 和 PDCP 协议
环境监控板	● 管理 BBU 告警； ● 提供干接点接入； ● 完成环境监控功能
电源模块	提供电源分配，功能如下： ● 实现-48 V 直流输入电源的防护、滤波、防反接； ● 输出支持-48 V 主备功能； ● 支持欠压告警； ● 支持电压和电流监控； ● 支持温度监控
风扇模块	● 系统温度的检测控制； ● 风扇状态监测、控制与上报

AAU 外观如图 3.7 所示。

AAU 由天线、滤波器、射频模块和电源模块组成。

（1）天线：多个天线端口，多个天线振子。

（2）滤波器：与每个收发通道对应，为满足基站射频指标提供抑制。

（3）射频模块：多个收发通道，功率放大，低噪声放大，输出功率管理，模块温度监控。

（4）电源模块：提供整机所需电源，电源控制，电源告警，功耗上报，防雷功能。

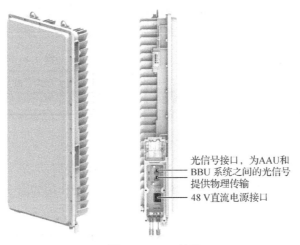

光信号接口，为AAU和 BBU 系统之间的光信号提供物理传输

48 V直流电源接口

图 3.7　AAU 外观

3. 线缆

1）电源线

电源线用于将外部-48 V 直流电源接入设备。BBU 电源线和 AAU 电源线如图 3.8 所示。电源线的作用如表 3.2 所示。电源线需要现场裁剪制作。

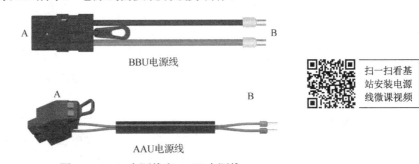

BBU电源线

AAU电源线

扫一扫看基站安装电源线微课视频

图 3.8　BBU 电源线和 AAU 电源线

表 3.2　电源线的作用

BBU 电源线	线缆颜色	红色	-48 V GND
		蓝色	48 V DC
	线缆两端	A 端	BBU 的电源模块
		B 端	外部电源设备
AAU 电源线	线缆颜色	红色	-48 V GND
		蓝色	48 V DC
	线缆两端	A 端	AAU 供电端口
		B 端	外部电源设备

2）接地线

接地线用于连接 BBU、RRU 和机柜的接地口与地网，提供对设备及人身安全的保护。接地线如图 3.9 所示。接地线的作用如表 3.3 所示。接地线的 B 端需要根据现场需求制作。

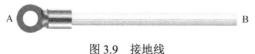

图 3.9　接地线

表 3.3　接地线的作用

A 端	BBU、RRU 和机柜的保护地接口
B 端	接地点

扫一扫看基站安装接地线微课视频

3）光纤

5G 基站有两类光纤，如图 3.10 所示。光纤 1 用于 NG 接口，连接基站与核心网；光纤 2 用于 BBU 和 AAU 连接。光纤的作用如表 3.4 所示。

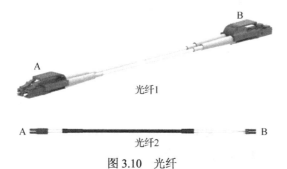

光纤1

光纤2

图 3.10　光纤

表 3.4　光纤的作用

光纤 1	A 端	BBU 的电源模块
	B 端	外部电源设备
光纤 2	A 端	AAU 供电端口
	B 端	外部电源设备

扫一扫看基站安装光纤微课视频

4）GPS 线缆

GPS 线缆包括 GPS 跳线和 GPS 馈线，如图 3.11 所示。GPS 跳线用于 BBU 主控板和 GPS 防雷器的连接；GPS 馈线用于 GPS 防雷器和 GPS 天线的连接。GPS 线缆的作用如表 3.5 所示。

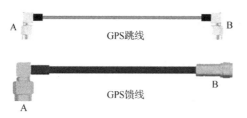

GPS跳线

GPS馈线

图 3.11　GPS 线缆

表 3.5　GPS 线缆的作用

GPS 跳线	A 端	GPS 防雷器
	B 端	BBU 的主控板
GPS 馈线	A 端	GPS 天线
	B 端	GPS 防雷器

4. BBU 单板配置示例

典型的 BBU 单板配置示例如图 3.12 所示。BBU 单板配置原则如表 3.6 所示。

8	基带板	4	NULL	
7	基带板	3	NULL	风扇模块
6	NULL	2	主控板	
5	电源模块　环境监控板	1	主控板	

图 3.12　典型的 BBU 单板配置示例

表 3.6　BBU 单板配置原则

单板名称	配　置　原　则
主控板	固定配置在 1、2 槽位，可以配置一块，也可配置两块。当配置两块主控板时，可设置为主备模式和负荷分担模式。 ● 主备模式：一块主控板工作，另一块备份，当主用单板故障时进行倒换； ● 负荷分担模式：两块主控板同时工作，进行工作量的负荷分担
基带板	可以灵活配置在 3、4、6、7、8 槽位，根据实际用户量确定基带板数量。本例配置两块
电源模块	固定配置一块，固定配置在 5 槽位
环境监控板	固定配置一块，固定配置在 5 槽位
风扇模块	固定配置一块，固定配置在最右边槽位

3.1.4　任务实施

1）参观 5G 通信设备实验室

参观 5G 通信设备实验室，重点关注 5G 基站硬件组成和线缆连接，了解 5G 基站硬件架构。

2）绘制 5G 基站硬件架构图

根据掌握的 5G 基站硬件架构知识内容，以及 5G 通信设备实验室参观体验，绘制 5G 基站硬件架构图，包括 5G 基站硬件组成和线缆连接。

要求：分组讨论；能够使用 PPT 绘制 5G 基站硬件架构图，并能解释清楚基站硬件组成和各组成部分功能。

任务 3.2　基站设备安装

3.2.1　任务描述

在了解 5G 基站硬件设备的基础上，本任务要完成 5G 基站硬件设备的安装。

3.2.2　任务目标

（1）了解 5G 基站硬件设备安装准备工作；

（2）能完成 5G 基站机柜安装；

（3）能完成 5G 基站 BBU 安装；

（4）能完成 5G 基站 AAU 安装；

（5）能完成 5G 基站线缆安装；

（6）能完成 5G 基站 GPS 天线安装。

扫一扫看基站安装 14U 框架微课视频

扫一扫看基站安装 BBU 机柜微课视频

3.2.3　知识准备

要先了解 5G 基站的机柜、BBU、AAU、线缆等设备组成（参见任务 3.1），然后熟悉安装流程。5G 基站安装流程如图 3.13 所示。

1. 安装准备

1）安全说明

在进行 5G 基站安装过程中要做好个人防护。

（1）工作前摘除可能影响设备搬运或设备安装的个人饰品，如项链、戒指等。

（2）工作时应穿戴个人防护用品，戴上安全帽。

（3）注意设备上粘贴的安全标识及提醒/警告文字。任何条件下不得遮盖或除去设备上贴的安全标识和提醒/警告信息。

2）设备安装注意事项

安装设备时应注意以下事项：

（1）安装人员在进行设备安装时，一定要注意个人安全，防止触电、砸伤等意外事故的发生。

（2）安装人员在进行单板插拔等操作时应戴有防静电手环，并确保防静电手环的另一端可靠接地。

（3）手持单板时应接触单板边缘部分，避免接触单板线路、元器件、接线头等，注意轻拿轻放，防止手被划伤。

（4）插入单板时切勿用力过大，以免把板上的插针弄歪，应顺着槽位插入，避免相互平行的单板之间接触引起短路。

（5）进行光纤的安装、维护等各种操作时，严禁肉眼直视光纤断面或光端机的插口，激光束射入眼球会对眼睛造成严重伤害。

（6）设备的包装打开后，在 24 小时内必须上电。后期进行维护时，下电时间不能超过 24 小时。

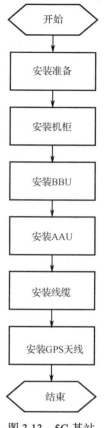

图 3.13　5G 基站
安装流程

2. 安装机柜

一般情况下，BBU 直接安装在机柜内，所以无须单独安装 BBU。

1）机柜安装流程

机柜安装流程如图 3.14 所示。

2）安装重点

（1）根据打孔模板确定固定机柜底座的膨胀螺栓孔位，如图 3.15 所示。

（2）安装底座。

● 将底座放置到安装位置。

● 检查底座安装位置无误后，将螺栓依次穿过弹垫、平垫和底座，顺时针拧入膨胀管中。拧紧螺栓，使其充分膨胀。

（3）在底座上安装基带机柜或电池机柜。

● 将机柜放置在底座上，小心轻放，避免机柜与底座磕碰。

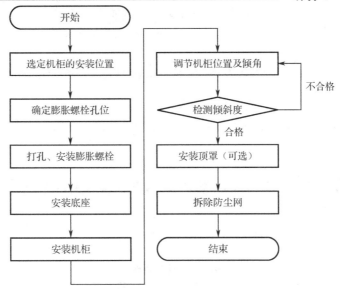

图 3.14 机柜安装流程

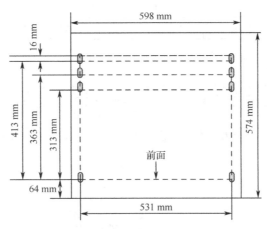

图 3.15 底座膨胀螺栓打孔位置

● 在机柜四角，使用 4 颗配胶质垫圈的 M12 内六角螺栓将机柜与底座固定在一起。

（4）调节机柜安装位置及机柜倾角。

机柜就位后要做适当的水平与垂直调整，一般使用铁片加塞在机柜着地点较低的边上或角上调节倾角，使机柜的垂直倾斜度小于或等于 5°。

（5）安装检查。

螺栓紧固后，需要再次对机柜的安装位置及机柜的垂直度进行检查，要求垂直倾斜度小于或等于 5°。

3. 安装直流电源分配模块

1）直流电源分配模块描述

直流电源分配模块用于为 BBU、AAU、RRU 提供直流电源。

直流电源分配模块外观如图 3.16 所示。

扫一扫看基站
安装电源模块
微课视频

图 3.16　直流电源分配模块外观

直流电源分配模块的接口如图 3.17 所示，接口说明如表 3.7 所示。

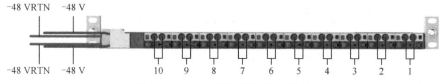

图 3.17　直流电源分配模块的接口

表 3.7　接口说明

接口编号	额定电流	用　　途
1～6	25 A	6 个 RRU 供电
7～10	42 A	1 个 V9200 和 3 个 AAU 供电

直流电源分配模块的手柄如图 3.18 所示。

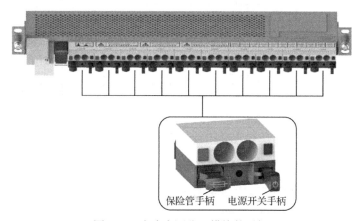

图 3.18　直流电源分配模块的手柄

电源接通方法：将直流电源分配模块的电源开关手柄用力拉出，直到白线露出为止，如图 3.19 所示。

电源断开方法：将直流电源分配模块的电源开关手柄推进去，如图 3.20 所示。

2）安装要点

（1）安装过程中需要佩戴防静电手环或防静电手套。

（2）在机柜中安装直流电源分配模块，使用 M6 螺钉进行紧固，紧固力矩为 2.5 N·m。

（3）安装保护地线缆时用十字螺钉旋具取下直流电源分配模块接地点的螺栓，将保护地线的一端固定在直流电源分配模块的接地点。保护地线采用 16 mm^2 的黄绿色保护地线，将保护地线另一端连接到接地排。

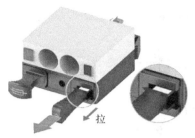
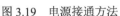

图 3.19　电源接通方法　　　　　　图 3.20　电源断开方法

（4）安装电源输出端线缆时，接线前请务必切断电源。根据管状端子金属管长度剥去电源线外的保护皮层，剥线长度略长于管状端子金属管长度 0.5～1 mm。使用管状端子压线钳压接管状端子。端子采用对面压接，压接后两个管状端子接触面相对。使用一字螺钉旋具用力按压接线端子旁边的红色或蓝色标识，将电源线插入直流电源分配模块对应接线口。

（5）安装电源输入端线缆时，接线前请务必切断电源。根据工勘要求截取相应长度的电源线。根据管状端子金属管长度剥去电源线外的保护皮层。剥线长度略长于管状端子金属管长度 0.5～1 mm。使用管状端子压线钳压接管状端子。拆下保护盖，用 4 号内六角扳手拧松螺钉，将制作好的管状端子插入直流电源分配模块的电源输入接口，拧紧螺钉，安装保护盖。

4. 安装蓄电池

蓄电池的基本信息如下：

（1）蓄电池外形尺寸小于或等于 550 mm×110 mm×310 mm（长×宽×高）。

（2）蓄电池质量小于或等于 60 kg。

（3）蓄电池安装间隙大于或等于 10 mm。

安装蓄电池的注意事项如下：

（1）进行电池作业之前，必须仔细阅读电池搬运的安全注意事项及电池的正确连接方法。电池的不规范操作会造成危险。操作中必须严防电池短路或电解液溢出。电解液的溢出会对设备构成潜在的威胁，会腐蚀金属物体及电路板，造成设备损坏及电路板短路。

（2）确保蓄电池的接线端子朝向机柜外侧放置，以免影响电池的连接。

（3）确保蓄电池组居中放置，同时蓄电池组的左右两侧及顶部与电池柜内壁必须至少留有 9 mm 的电气安全间距，以防止接线端子碰到机柜内壁引发短路故障，甚至引发火灾。

安装蓄电池的要点如下：

（1）用万用表测量每个蓄电池的端电压，检查蓄电池是否正常。

（2）将蓄电池极柱方向朝前，从左到右逐一摆放到每层电池柜上，如图 3.21 所示。

5. 安装 GPS 天线

GPS 系统包括 GPS 天线、馈线、避雷器等。其中，GPS 馈线根据拉远长度，选择对应的 1/4 馈线、1/2 馈线及 7/8 馈线。此外，GPS 系统还应包含防雷、接地等，如图 3.22 所示。

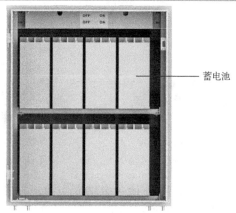

图 3.21　电池柜布局图

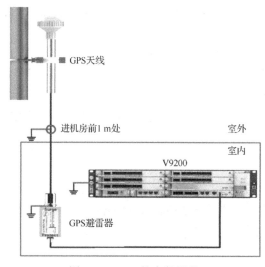

图 3.22　GPS 的安装场景

（1）使用 GPS 馈线连接 GPS 天线和 GPS 避雷器的 IN 接口。

（2）使用 GPS 跳线连接 GPS 避雷器的 CH1 接口和 BBU 上 VSW 单板的 GNSS 接口。

GPS 天线安装时的注意事项如下：

（1）GPS 天线安装位置仰角大于 120°，天空视野开阔，在相同位置用手持 GPS 至少可以锁定 4 颗以上的 GPS 卫星。

（2）多个 GPS 天线一起安装时，GPS 天线的间距要大于 0.5 m。禁止在近距离安装多个 GPS 天线，造成天线之间相互遮挡。

（3）GPS 天线应安装在避雷针的 45°保护范围内。

（4）室外的 GPS 馈线应沿抱杆可靠固定，防止线缆被风吹得过度或反复弯折。

6. 安装机柜电源线缆

机柜可以输入交流电，也可以输入直流电。

1）交流输入线缆的安装

安装时要求已佩戴防静电手环，且确认已切断供电支路输出。

外部交流电先输入到机柜的电源插箱，在电源插箱进行交直流电转换，并将直流电分配给其他各机柜，如图 3.23 所示。

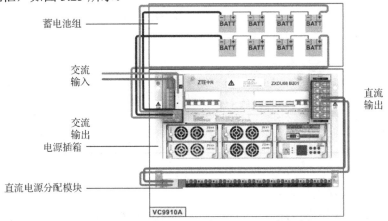

图 3.23　交流输入各机柜配电示意图

柜内会配置直流电源分配模块，为 AAU 和 BBU 供电，电源线连接示例如图 3.24 所示。

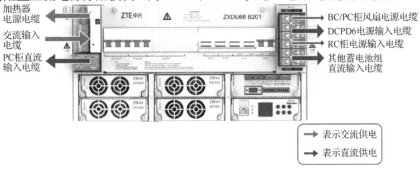

图 3.24　电源线连接示例

当基带柜采用交流输入时，既支持单相交流输入，也支持三相交流输入。单相交流输入和三相交流输入连接的电源端子有所不同。

2）三相电源交流输入线缆的安装

三相电源交流输入线缆接线端子如图 3.25 所示。三相交流电源输入线缆色谱定义如表 3.8 所示。

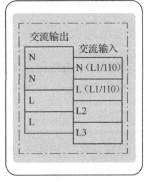

图 3.25　三相电源交流输入线缆接线端子

表3.8 三相交流电源输入线缆色谱定义

引脚	信号定义	信号说明	线缆色谱	A 端实体	B 端实体
1	L1（U）	三相中的 L1（或 U）相线	黄	电源插箱	交流配电设备
2	L2（V）	三相中的 L2（或 V）相线	绿		
3	L3（W）	三相中的 L3（或 W）相线	红		
4	N	三相中的 N 线	蓝		
5	PE	电源保护地	黄绿	电源插箱的配盒接地端子	机柜保护地排

3）单相交流输入线缆的安装

单相电源交流输入线缆接线端子如图 3.26 所示。单相交流输入线缆色谱定义如表 3.9 所示。

图 3.26 单相电源交流输入线缆接线端子

表 3.9 单相交流输入线缆色谱定义

引脚	信号定义	信号说明	线缆色谱	A 端实体	B 端实体
1	L	交流相线 L	红	B201/B121 电源的配盒或 ADPD1 的电源交流输入端	交流配电设备
2	N	交流零线 N	蓝		
3	PE	交流保护地 PE	黄绿		

4）直流输入线缆的安装

安装时要求已佩戴防静电手环，且确认已切断供电支路输出。

采用-48 V 直流供电时，基带柜不需要配置另外的电源，但要配置直流电源分配模块，直流输入线缆连接到其直流输入端子。

安装机柜直流输入线缆步骤如下：

（1）用螺钉旋具拧开直流电源分配模块的电源输入接线盒盖板。

（2）根据现场测量情况截取适当长度的电源线，两端用压线钳压接接线端子。

（3）将电源线沿射频柜左侧走线槽布放，穿过机柜左侧防水模块，布放到电源模块输入端。

（4）将直流输入电源的-48 V 端连接到直流电源分配模块的-48 V 处，将直流输入电源的-48 V RTN 连接到直流电源分配模块的-48 V RTN 处，如图 3.27 所示。

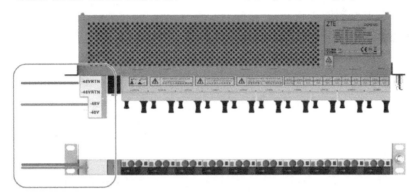

图 3.27　-48 V 直流输入接线

（5）盖上直流电源分配模块的电源输入接线盒盖板，用螺钉旋具拧紧固定螺栓。

（6）将电源线的另一端布放到外部供电设备，并连接到供电设备的输出接口。

当机柜在远端连接有 AAU 时，需要为 AAU 供电。基带柜内会配置直流电源分配模块，为 AAU 配电的步骤如下：

（1）将电源线沿射频柜右侧走线槽布放，穿过基带柜右侧防水模块，布放到配电模块输出端，如图 3.28 所示。

（2）使用压线钳制作直流电源分配模块侧的电源线接头，并将制作好的接头插入其直流输出接口。

（3）制作 AAU 侧的电源线接头，并将制作好的接头连接到 AAU 的电源接口。

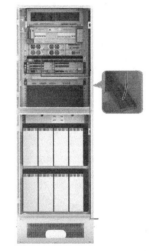

图 3.28　AAU 电源线布线示意图

习题 3

1．请简述基站 BBU 的单板组成。

2．请简述基站 BBU 基带板的功能。

3．请简述基站设备安装的主要设备。

4．请简述一条完整的光纤链路需要的主要器件。

5．请简述 BBU、RRU 和 AAU 的功能。

6．请简述 AAU 的模块组成及其相应功能。

7．请简述 GPS 线缆的两种类型。

8．请简述基带柜的组成。

9．请简述 BBU 电源线的颜色和功能。

10．请简述基站光纤的类型和作用。

11．请简述 BBU 主控板的配置原则。

12．请简述基站安装的流程。

13．请简述机柜安装的流程。

14．请简述直流电源分配模块的接口及其用途。

15．请简述直流电源分配模块接通电源、断开电源的方法。

16．请简述安装直流输入线缆的过程。

项目 4

5G 基站硬件测试

项目概述

　　完成硬件安装后，可以对 5G 基站进行硬件测试，以确保设备硬件功能正常。本项目介绍 5G 基站硬件测试的步骤和方法，通过本项目的学习，学员将具备 5G 基站硬件测试的工作技能。

　　学习目标

（1）能完成 5G 基站加电；

（2）能测试 5G 基站硬件功能；

（3）能更换 5G 基站部件。

扫一扫看本项目教学课件

任务 4.1　设备加电

4.1.1　任务描述

通过本任务的学习，学员将掌握 5G 基站加电的步骤。

4.1.2　任务目标

（1）掌握设备电源测量方法；

（2）完成机柜上电；

（3）完成 BBU 上电；

（4）完成 AAU 上电。

4.1.3 知识准备

上电流程如图 4.1 所示。

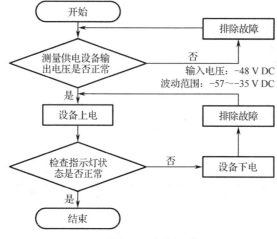

图 4.1 上电流程

4.1.4 任务实施

1. BBU 测量

测量步骤：

（1）关闭机架电源开关，再拔出电源模块插座。

（2）打开机架电源开关。

（3）用数字万用表测量供电电源接线端子的输入电压并记录。

（4）测试完毕后关闭机架电源开关并插入电源模块插座。

合格标准：

（1）电源工作稳定，用数字万用表测量的测量值在以下范围内。

● 直流电源输入：-48 V（允许波动范围：-57～-40 V）。

● 交流电源输入：220 V（允许波动范围：130～300 V，45～65 Hz）。

（2）风扇正常运转。

2. AAU 测量

测量步骤：

用数字万用表测量供电电源接线端子的输入电压。

合格标准：

电源工作稳定，用数字万用表测量的测量值在以下范围内。

直流电源输入：-48 V（允许波动范围：-57～-37 V）。

3. 机柜上电

5G 基站机柜通过内嵌式电源单元输出交流或直流电源，向各插箱分配电源。

前提条件：

（1）机柜与供电电源的电源线和地线已经安装就绪。

（2）机柜内部的电源线和地线已经安装就绪。

（3）机柜内的插箱及模块已经安装就绪。

（4）检查所需工具（万用表）已经准备就绪。

步骤：

（1）正确佩戴防静电手环，并将防静电手环可靠接地（机柜上的防静电插孔）。

（2）将配电插箱的所有电源开关设置为 OFF 状态。

（3）将万用表拨至电阻挡，并用万用表测量机柜配电插箱电源输入端子，确认电源未出现短路故障。

（4）将万用表拨至电压端，并用万用表测量直流电源输出端，确认输出电压为额定电压。

（5）将风扇插箱的电源开关置为 ON 状态，确认风扇正常转动。

（6）将电源插箱的电源开关置为 ON 状态，观察面板指示灯，确认电源模块运行正常。

（7）以一个插框为单位（BBU），将其在配电插箱上对应的电源开关置为 ON 状态，观察面板指示灯，确认插框电源运行正常。

如果某模块无反应（相应指示灯异常），则可能是插箱电源线、模块槽位或模块本身有问题。如果电源线无问题且更换正常模块后，模块指示灯仍未亮，请联系设备商进行处理。

重复步骤（7），完成所有插箱及模块的上电检查。

4．BBU 上电

配电单元到 BBU 设备的上电操作。

前提条件：

（1）供电电压符合 BBU 的要求。

（2）BBU 机箱的电源线和接地线连接正确。

（3）将 BBU 机箱的供电电源断开。

步骤：

（1）从 BBU 电源模块卸下电源线。

（2）开启输入到 BBU 的配电单元电源开关，用万用表测量电源线的输出电压，判断电压情况，如表 4.1 所示。

表 4.1　上电的各种情况

如　　果	那　　么
测出直流电压为−57～−40 V	电压正常，继续下一步
测出直流电压 >0 V	电源接反，请重新安装电源线后再测试
其他情况	输入电压异常，排查配电单元和电源线的故障

（3）关闭输入到 BBU 的配电单元电源开关。

（4）电源线插到 BBU 电源模块单板上。

（5）开启输入到 BBU 的配电单元电源开关，查看 BBU 电源模块指示灯的显示情况。如果电源模块单板 ⊘ 指示灯常亮，⚠ 指示灯常灭，BBU 上电完成。上电时如出现异常，应立即断开电源，检查异常原因。

5. AAU 上电

配电单元到 AAU 设备的上电操作。

前提条件：

（1）供电电压符合 AAU 的要求。

（2）AAU 机箱的电源线和接地线连接正确。

（3）将 AAU 机箱的供电电源断开。

步骤：

（1）将供电设备连接到 AAU 接线盒或防雷箱的空气开关闭合。

（2）通过指示灯状态判断 AAU 上电完成。

任务4.2　硬件测试

4.2.1　任务描述

基站上电后，需要进行基站硬件测试，以确保基站设备功能正常，才可以进行后续的工作。通过本任务的学习，学员将掌握基站硬件测试的步骤和方法。

4.2.2　任务目标

（1）能完成基站硬件功能测试；

（2）能完成掉电和再启动测试；

（3）能完成传输中断测试。

4.2.3　知识准备

1. 电气安全知识

1）高压、交流电

（1）高压危险，直接接触或通过潮湿物体间接接触高压、市电会带来致命危险。人员进行高压、交流电操作时，必须使用专用工具，不得使用普通工具。

（2）对交流电源设备进行操作时必须遵守所在地的安全规范。

（3）进行交流电设备操作的人员必须具有高压、交流电等作业资格。

（4）操作时严禁佩戴手表、手链、手镯、戒指等易导电物体。

（5）在潮湿环境下操作维护时，应防止水分进入设备。

2）电源线

（1）在进行电源线的安装、拆除操作之前，必须关掉电源开关。

（2）在连接电缆之前，必须确认连接电缆、电缆标签与实际安装情况相符。

3）雷电

（1）严禁在雷雨天气下进行高压、交流电操作及铁塔、桅杆作业。

（2）在雷雨天气下，大气中会产生强电磁场。因此，为避免雷电击损设备，应及时做好设备的防雷接地工作。

4）静电

（1）因人体活动引起的摩擦是产生静电荷积累的根源。在干燥的气候环境中，人体所带的静电电压最高可达 30 kV，并较长时间地保存在人体上，带静电的操作者与器件接触时，可通过器件放电，损坏器件。

（2）在接触设备（如手拿插板、电路板、IC 芯片等）之前，为防止人体静电损坏敏感元器件，必须佩戴防静电手环，并将防静电手环的另一端良好接地。

（3）在防静电手环与接地点之间的连线上，必须串接阻值大于 1 MΩ 的电阻以保护人体免受意外电击的危险。阻值大于 1 MΩ 的电阻对静电电压的放电可以起到足够的保护。

（4）应定期检查防静电手环，严禁采用其他电缆替换防静电手环上的电缆。

（5）静电敏感的单板不应与带静电的或易产生静电的物体接触。例如，用绝缘材料制作的包装袋、传递盒与传送带等摩擦，会使器件本身带静电，在与人体或地接触时会发生静电放电而损坏器件。

（6）静电敏感的单板只能与优质放电材料接触，如防静电包装袋。单板在库存和运输过程中需使用防静电包装袋。

（7）测量设备连接单板之前应释放掉本身的静电，即测量设备应先接地。

（8）单板不能放置在强直流磁场附近，如显示器阴极射线管附近，安全距离至少在 10 cm 以上。

2. 单板插拔

为避免不必要的人为损坏模块，安装维护人员应尽量避免对模块带电插拔。必须插拔的，插拔过程中要佩戴防静电手环。

主控板指示灯如表 4.2 所示。

表 4.2 主控板指示灯

序号	指示灯丝印	指示灯名称	信号描述	指示灯颜色	状态说明
1	✅	RUN	运行指示灯	绿色	常亮：加载运行版本 慢闪：300 ms 亮，300 ms 灭，单板运行正常 快闪：70 ms 亮，70 ms 灭，外部通信异常 灭：无电源输入
2	❗	ALM	告警指示灯	红色	亮：硬件故障 灭：无硬件故障
3	—	REF	时钟锁定指示灯	绿色	常亮：参考源异常 慢闪：300 ms 亮，300 ms 灭，时钟工作正常 常灭：参考源未配置
4	👁	MS	主备状态指示灯	绿色	常亮：激活状态 常灭：备用状态

基带板指示灯如表 4.3 所示。

表 4.3　基带板指示灯

序号	指示灯丝印	指示灯名称	信号描述	指示灯颜色	状态说明
1		RUN	运行指示灯	绿色	常亮：加载运行版本 慢闪：300 ms 亮，300 ms 灭，单板运行正常 快闪：70 ms 亮，70 ms 灭，外部通信异常 灭：无电源输入
2		ALM	告警指示灯	红色	亮：硬件故障 灭：无硬件故障

4.2.4　任务实施

1. BBU 硬件测试

扫一扫看基站 BBU 硬件功能测试微课视频

预置条件：

（1）基站各单板指示灯状态正常，网管可正常接入。

（2）选择在刚开通时或话务偏低的时段进行测试。

（3）测试过程中插拔单板时应戴防静电手环。

测试步骤：

（1）检查 BBU 机架的单板是否齐备，是否符合规划的要求。

（2）检查各单板的槽位是否插正确。

（3）上电启动正常后，检查 BBU 机架上各单板的指示灯状态是否正常，指示灯状态请参考表 4.2 和表 4.3。

验收标准：

（1）BBU 机架的单板配置齐备，符合要求。

（2）各单板的槽位正确，符合规划要求，且固定到位。

（3）上电启动完成后，各单板的指示灯状态正常。

测试说明：

（1）需要检查的单板包括主控板和基带板。

（2）上电 5 分钟后可通过指示灯来查看单板是否正常启动。

2. AAU 硬件测试

扫一扫看基站 AAU 硬件功能测试微课视频

预置条件：

（1）基站 BBU 各单板指示灯状态正常，UME 可正常接入。

（2）BBU-AAU 接口光纤通信正常。

（3）已经完成数据配置。

（4）选择在刚开通时或话务偏低的时段进行测试。

测试步骤：

（1）检查 AAU 与基带板光口的连接关系是否正确。

（2）AAU 上电启动后，在 LMT 或网管上查看 AAU 是否进入工作状态。

验收标准：

（1）AAU 和基带板光口的连接关系与实际拓扑配置相符，且收发连接正确。

（2）上电启动正常后，能够通过 LMT 或网管查看 AAU 处于正常工作状态。

测试说明：

上电 5 分钟后可通过后台的查询获取 AAU 工作状态。

3．掉电测试

扫一扫看掉电测试微课视频

预置条件：

（1）基站各单板指示灯状态正常。

（2）网管已经正确安装并能正常连接基站。

扫一扫看设备电源测量微课视频

（3）下电前，在该 5G 基站下终端可以正常接入。

（4）选择刚开通时或话务偏低的时段进行测试。

测试步骤：

（1）关电前后检查电源指示灯亮灯情况。

（2）手动对基站系统进行下电操作。

（3）1 分钟后，给基站上电，15 分钟后发起业务。

（4）检查各单板指示灯状态是否正常。

验收标准：

（1）下电后，业务挂断，资源正常释放，各指示灯常灭。

（2）重新上电后，基站与网管通信恢复正常，可远程控制基站。

（3）上电 15 分钟后，各单板正常启动，各单板指示灯状态正常，可以接入并进行业务测试。

测试说明：

（1）需要检查的单板包括主控板和基带板。

（2）上电 5 分钟后可通过指示灯来查看单板是否正常启动。

4．再启动测试

扫一扫看再启动测试微课视频

预置条件：

（1）基站各单板指示灯状态正常。

（2）网管已经正确安装并能正常连接基站。

（3）下电前，在该 5G 基站下终端可以正常接入。

（4）选择刚开通时或话务偏低的时段进行测试。

测试步骤：

（1）触发条件一：拔插任意基站单板，等单板正常启动后，重新接入业务。

（2）触发条件二：插入任意基站单板，等单板正常启动后，重新接入业务。

（3）触发条件三：通过网管复位任意单板，等各单板正常启动后，重新接入业务。

验收标准：

（1）各单板正常启动后，可重新接入并进行 ping 业务。

（2）单板面板指示灯指示正常。

测试说明：

如果对下一块单板进行再启动测试，必须在前一次测试重新接入业务以后进行。

扫一扫看传输中断测试微课视频

5. 传输中断测试

预置条件：

（1）基站各单板指示灯状态正常。

（2）基站传输正常，到 UME 链路、核心网链路正常。

（3）业务正常。

测试过程：

（1）断开该基站的光口传输（可通过拔出主控板上的 ETH1/ETH2 口传输光纤触发），观察传输接口指示灯状态。

（2）恢复传输，等待 2 分钟后，观察主控板上的指示灯状态。

（3）发起业务测试。

验收标准：

（1）传输断开时，传输接口指示灯灭。

（2）传输恢复 2 分钟后，传输接口指示灯正常。

（3）传输恢复 2 分钟后，可以成功进行业务拨打。

测试说明：

本测试项适用配置光口传输的环境。

习题 4

1. 请简述基带板指示灯 RUN 和 ALM 的信号描述和状态说明。

2. 请简述传输中断测试过程。

3. 请简述 AAU 上电的前提条件。

4. 电源测量一般不测量（　　）模块。

A. GPS　　　　　　B. 机柜　　　　　　C. BBU　　　　　　D. AAU

5. 在干燥的气候环境中，人体所带的静电电压最高可达（　　）kV。

A. 30　　　　　　B. 35　　　　　　C. 40　　　　　　D. 45

6. 在防静电手环与接地点之间的连线上，必须串接大于（　　）MΩ 的电阻以保护人体免受意外电击的危险。

A. 1　　　　　　B. 2　　　　　　C. 3　　　　　　D. 4

7. 主控板指示灯 REF 慢闪状态是指（　　）。

A. 天馈工作正常　　B. 参考源异常　　C. 参考源未配置　　D. 硬件故障

8. 部件更换过程中尽量不影响系统正常运行的业务，所以一般会选择（　　）。

A. 凌晨 2:00—4:00　　　　　　　　　B. 中午 12:00—14:00

C. 下午 6:00—8:00　　　　　　　　　D. 晚上 10:00—12:00

9. 以下操作中错误的是（　　）。

A. 一只手拿把手侧，另一只手扶单板边缘以正确定位

B. 从侧面对单板施加外力

C. 双手保持水平，使单板与机框插槽在同一平面

D. 双手持板

项目 5

5G 基站设备验收

项目概述

5G 基站设备的安装和硬件功能直接决定网络整体性能的好坏，而 5G 基站设备的测试和验收是网络施工质量的保证。本项目针对用户的需求，了解 5G 基站设备测试的标准和类型，做好验收各个阶段的准备。

通过本项目的学习和操作，学员将掌握 5G 基站设备验收需要的专业知识和操作技能，了解在工作场景下系统测试和验收的工作流程和经验，并体会小组成员间分工协作给项目施工带来的重要影响和意义。

学习目标

（1）能完成设备验收准备；
（2）能完成竣工验收实施；
（3）能编制验收资料。

扫一扫看
本项目教
学课件

任务 5.1 验收准备

5.1.1 任务描述

5G 基站设备验收前，需完成相关自检，确保验收顺利实施，此外还要准备相应的工具、文档。通过本任务的学习，学员将具备 5G 基站验收准备的工作技能。

5.1.2 任务目标

（1）能按标准完成 5G 基站设备自检；

（2）能完成验收工具的准备；

（3）能完成验收文档的准备。

5.1.3 知识准备

本项目涉及的验收聚焦为基站设备安装及基站硬件功能，机房、铁塔等施工工程类验收不属于本任务的范畴。

5.1.4 任务实施

1. 设备自检

在验收前，参考项目4的内容，完成5G基站设备上电测试和基站硬件测试，确保硬件功能正常。

2. 准备验收工具

工具：

（1）十字螺钉旋具（4″，6″，8″各一个）。

（2）一字螺钉旋具（4″，6″，8″各一个）。

（3）活动扳手（6″，8″，10″，12″各一个）。

（4）套筒扳手一套。

（5）防静电手环。

（6）老虎钳一把（8″）。

（7）绳子。

（8）梯子。

仪器仪表：万用表一个。

此外，根据现场实际情况，其他可能的工具和仪器仪表。

3. 准备验收文档

验收时可能会用到的验收文档如下：

（1）主、配套设备安装检查记录。

（2）机房辅助设施检查记录。

（3）BBU、AAU安装检查记录。

（4）电源线安装检查记录。

（5）接地线安装检查记录。

（6）天馈系统及线缆布放检查记录。

（7）GPS天线安装检查记录。

（8）电源测试记录。

（9）硬件功能测试记录。

（10）倒换和再启动测试记录。

（11）传输中断测试记录。

需要注意，各验收文档及其中的内容需要各方确认一致，没有分歧。

4.成立验收工作小组

设备商、运营商、施工单位、设计单位等所有相关单位组成验收小组。在验收前召开验收准备会议，检查验收准备工作，确定验收方式及验收实践、人员、车辆的组织安排，正式下发工程初步验收通知。

在进行验收时，验收小组成员应严格检查各单项工作的施工工艺质量、设备性能的指标测试，审查验收资料是否与现场实际相符、验收完毕后签字确认是否及时准确等。

任务 5.2　设备验收

5.2.1　任务描述

完成验收准备工作后，可根据验收文档规定，逐项测试完成验收。完成验收后，各责任方要及时在相关文档上签字确认。如果发现验收问题，需要明确记录验收不满足项，以便整改后重新进行验收。

5.2.2　任务目标

（1）能描述验收步骤；

（2）能完成 5G 基站各项验收测试；

（3）能记录验收结果。

5.2.3　知识准备

验收表格示例如表 5.1 至表 5.11 所示。

表 5.1　设备安装检查记录

序号	检查内容	检查结果		检查人
		合格	不合格	
1	动环监控系统安装牢固、接线正确、布线整齐美观。防盗、烟雾、积水、温控探头或传感器均安装在有效位置，功能正常			
2	空调：安装位置正确，安装牢固，排水管安装符合要求，线管出墙口密封良好			
3	蓄电池：电池支架布放符合承载力分散的原则，支架用地脚螺钉紧固，防滑、防震。端子连接紧固、密贴，接地可靠。不同厂家、不同容量、不同型号、不同时期的蓄电池组严禁并联使用			
4	地排安装符合设计要求，牢固、可靠，接地母线连接良好。室外地排与包括走线架在内的其他金属体和墙体绝缘，馈线的室内接地及光缆的金属加强芯必须接到室外接地铜排上。馈线窗安装牢固，方向正确，封堵严密			
5	开关电源、综合机架：安装位置正确，固定牢固，机架安装应垂直，允许垂直偏差小于 2mm，前面板与同一列机架的面板成一直线。地脚螺钉安装牢固，符合防震要求。交、直流电源线标识正确、明显，机架引接导线规格型号符合要求，布放美观合理，接头连接牢固、紧密。机架接地良好，机架内部工作地线、防雷地线引接正确			

续表

序号	检查内容	检查结果		检查人
		合格	不合格	
6	主设备机架：安装位置正确、固定牢固，符合防震要求。机架垂直偏差小于 2 mm，设备前面板应与同列设备面板成一直线，相邻机架的缝隙应小于 3 mm。机架可靠接地，直流电源线接入正确，各导线电缆接头和连接件紧固可靠，正确无误、标识明显			

处理意见：

施工单位：	监理单位：	建设单位：
签章：	签章：	签章：
日期：	日期：	日期：

表5.2　机房辅助设施检查记录

序号	检查内容	检查结果		检查人
		合格	不合格	
1	交流引入：电力线应采用铠装电缆或绝缘保护套电缆穿钢管埋地引入基站，金属护套或钢管两端应就近可靠接地，机房孔洞需做好防火封堵			
2	交流配电箱：安装位置正确、安装牢固，开关规格、位置与接线图相符。接线线径、颜色符合要求，绑扎牢固、排列整齐，接线紧固，开关和进出线均有标识。金属外壳、避雷器的接地端均应做保护接地，严禁做接零保护			
3	照明、插座、开关：位置正确、安装牢固，插座有电、接线正确（左零右火）、功能正常			
4	室内走线架安装位置高度符合施工图；整条走线架应平直，无明显起伏或歪斜现象，与墙壁保持平行。走线架的侧旁支撑、终端加固角钢的安装应牢固、平直、端正。节间用 10 mm² 黄绿色导线连接，并就近用 35 mm² 黄绿色导线与室内保护地排连通			
5	室外走线架安装位置正确、安装牢固；支撑平稳，横铁间隔均匀，横平竖直、漆色一致；接地符合设计要求，焊点做防腐蚀、防锈处理			

处理意见：

施工单位：	监理单位：	建设单位：
签章：	签章：	签章：
日期：	日期：	日期：

表 5.3　BBU、AAU 安装检查记录

序号	检 查 内 容	检查结果		检 查 人
		合格	不合格	
1	设备安装位置应符合工程设计文件，设备安装时必须预留一定的安装空间、维护空间和有可能的扩容空间。严禁安装在馈线窗或挂式空调正下方。尽量不要将设备安装在蓄电池上方，以便维护方便；但注意安全施工			
2	BBU 与 AAU 设备之间的野外光缆或尾纤，在与 BBU 连接时必须按各设备厂商要求与扇区的关系对应正确			
	BBU 机柜前面预留空间不小于 700 mm，以便维护。建议 BBU 底部距地 1.2 m 或和室内其他设备底部距地保持一致，上端不超过 1.8 m，以便维护			
3	设备进行墙面固定时，安装必须遵守如下顺序：绝缘垫片、机架、白色绝缘垫套、平垫、弹垫、螺母，设备安装完毕，所有配件必须紧密固定，无松动现象			
4	BBU 的保护地线为 6 mm² 以上的黄绿地线，按照需要制作两段地线。A 段地线连接 BBU 和机壳，B 段地线连接机壳和机房室内保护地排。注意选用合适铜鼻子和黄色热缩套管。室内接地排上接地，一个接地螺栓只能接一根保护地线。室内接地排上保护接地严禁与其他设备共用接地点			
5	将直流电源线和保护地线沿机壳左侧前面和上方的绑线孔一起绑扎直接垂直上水平走线架或进入机壳左侧上方的 PVC 走线槽；直流电源线弯曲时要留有足够的弯曲半径，以避免损坏线缆			
6	RRU 的直流电源线、光纤及其接头等室外电缆应采用铠装电缆或套金属波纹管，各接头做好防水、防潮、防鼠处理；电缆经过的孔洞要进行密封； 基站室外布放的光缆需加装 PVC 套管保护；电源线建议套防火 PVC 管，在条件允许的情况下采用盖式走线槽形式铺放馈线；电源线和光缆可以共用 PVC 管一起布放，而与馈线应分开走线； 户外走线不要沿着避雷带走线，且走线时应避免架空飞线			

处理意见：

施工单位：	监理单位：	建设单位：
签章：	签章：	签章：
日期：	日期：	日期：

表 5.4 电源线安装检查记录表

序号	检查内容	检查结果		检查人
		合格	不合格	
1	电源线与电源分配柜接线端子连接，必须采用铜鼻子与接线端子连接，并且用螺钉加固，接触良好			
2	电源线、接地线必须使用整段材料。端子型号和线缆直径相符，芯线剪切整齐，不得剪除部分芯线后用小号压线端子压接			
3	电源线、接地线压接应牢固，芯线在端子中不可摇动，电源线、接地线接线端子压接部分应加热缩套管或缠绕至少两层绝缘胶带，不得将裸线和铜鼻子、鼻身露于外部			
4	电源线不得与其他电缆混扎在一起，电源线和其他非屏蔽电缆平行走线的间距推荐大于 100 mm，电源线布线应整齐美观，转弯处要有弧度，弯曲半径大于 50 mm（不小于线缆外径的 20 倍），且保持一致			
5	压接电源线、工作地线接线端子时，每只螺栓最多压接两个接线端子，且两个端子应交叉摆放，鼻身不得重叠			
处理意见：				
施工单位： 签章： 日期：	监理单位： 签章： 日期：	建设单位： 签章： 日期：		

表 5.5 接地线安装检查记录

序号	检查内容	检查结果		检查人
		合格	不合格	
1	应用整段线料，线径与设计容量相符，布放路由符合工程设计要求，多余长度应裁剪，端子型号和线缆直径相符，芯线剪切整齐，不得剪除部分芯线后用小号压线端子压接			
2	压接应牢固，芯线在端子中不可摇动，接线端子压接部分应加热缩套管或缠绕至少两层绝缘胶带，不得将裸线和铜鼻子、鼻身露于外部			
3	线缆的户外部分应采用室外型电缆或套管等保护措施，电池组的连线正确可靠，接线柱处加绝缘防护			
4	-48 V 电源线采用蓝色电缆，GND 工作地线采用黑色电缆，PGND 保护地线采用黄绿色或黄色电缆，绝缘胶带或热缩套管的颜色需和电源线的颜色一致			
5	机架门保护地线连接牢固，没有缺少、松动和脱落现象，接地铜线端子应采用铜鼻子，用螺母紧固搭接；地线各连接处应实行可靠搭接和防锈、防腐蚀处理，所有连接到汇接铜排的地线长度在满足布线基本要求的基础上选择最短路由			

处理意见：		
施工单位： 签章： 日期：	监理单位： 签章： 日期：	建设单位： 签章： 日期：

表 5.6　天馈系统及线缆布放检查记录

序号	检查内容	检查结果		检查人
		合格	不合格	
1	天线：安装及加固应符合施工图，安装稳固、可靠，天线实际挂高与网络规划一致，天线应在避雷针的 45°保护范围以内			
2	定向天线方位角误差不大于±5°，俯仰角误差不大于±1°，定向天线下倾角误差不大于±1°，且同一扇区的单极化天线的俯仰角和方位角应保持一致			
3	馈线：规格、型号、路由走向、接地方式符合施工图要求。馈线金属外护层应在馈线的上部、中部和经走线架进机房入口处就近接地（接室外接地排）。馈线拐弯应圆滑均匀，弯曲半径≥馈线外径 20 倍。进馈线窗前馈线留回水弯，应低于馈线窗下沿 10～20 cm			
4	室内避雷器架：安装应平稳、牢固，且接地良好（接室外接地排）			
5	设备架间线缆：规格、型号、数量、路由走向应符合施工图要求，连接正确，接头固定和接触良好，线缆两端有明显的标志。直流电源线的截面应符合施工图，导线外皮红为正、蓝为负，端头处理良好，连接可靠			
6	沿走线架布放线缆：①应将信号线与电源线分开排放。②线缆布放应平直，且下线整齐。③线缆在走线架每一横铁上均应绑扎。④线缆拐弯应均匀、圆滑一致			
7	信号及功率：天馈驻波比≤1.5，如果是搬迁站，该值应不差于旧站；载频实际发射功率是否符合规划要求			
处理意见：				
施工单位： 签章： 日期：	监理单位： 签章： 日期：	建设单位： 签章： 日期：		

表 5.7　GPS 天线安装检查记录

序号	检查内容	检查结果		检查人
		合格	不合格	
1	安装方式：GPS 天线应通过螺栓紧固安装在配套支杆（GPS 天线厂家提供）上；支杆可通过紧固件固定在走线架或附墙安装，如无安装条件则须另立小抱杆供支杆紧固			
2	垂直度要求：GPS 天线必须垂直安装，垂直度各向偏差不得超过 1°			
3	阻挡要求：天线必须安装在较空旷位置，周围没有高大建筑物阻挡，GPS 应尽量远离楼顶小型附属建筑，上方 90° 范围内（至少南向 45°）应无建筑物遮挡			
4	GPS 天线安装位置应高于其附近金属物，与附近金属物水平距离大于等于 1.5 m，两个或多个 GPS 天线安装时要保持 2 m 以上的间距			
5	安装卫星天线的平面的可使用面积越大越好。一般情况下要保证天线的南向净空。如果周围存在高大建筑物或山峰等遮挡物体，需保证在向南方向上，天线顶部与遮挡物顶部任意连线，该线与天线垂直向上的中轴线之间夹角不小于 60°			
6	为避免反射波的影响，天线尽量远离周围尺寸大于 200 mm 的金属物 1.5 m 以上，在条件许可时尽量大于 2 m，注意避免放置于基站射频天线主瓣的近距离辐射区域，不要位于微波天线的微波信号下方、高压电缆的下方及电视发射塔的强辐射下。以周边没有大功率的发射设备，没有同频干扰或强电磁干扰为最佳安装位置			
7	防雷接地要求：GPS 天线安装在避雷针 45° 保护角内，GPS 天线的安装支架及抱杆需良好接地			

处理意见：

施工单位：	监理单位：	建设单位：
签章：	签章：	签章：
日期：	日期：	日期：

表 5.8　电源测试

测试内容	电源测试（开通测试项目）
预置条件	（1）测试过程中严格注意安全，严禁造成接线端子之间或接线端子与机壳之间短路 （2）电源工作正常，5G 基站同电源连接，电源上电 （3）所有单板全部加电
验收标准	（1）电源工作稳定，用数字万用表测量的测量值在以下范围内： 直流供电：−40～−57 V 交流供电：140～300 V，45～65 Hz （2）风机正常运转

测试说明	无
测试结果	
是否通过验收	
测试人员	

表 5.9　硬件功能测试

测试内容	BBU 单板测试（开通测试项目）
预置条件	（1）基站各单板指示灯状态正常，后台可正常接入 （2）选择在刚开通时测试或话务偏低的时段测试 （3）测试过程中插拔单板时应戴防静电手环
验收标准	（1）BBU 机架的单板配置齐备，符合要求 （2）各单板的槽位正确，符合配置规格说明书的要求，且固定到位 （3）上电启动完成后，各单板的指示灯状态正常
测试说明	无
测试内容	AAU 单板测试（开通测试项目）
预置条件	（1）基站 BBU 各单板指示灯状态正常 （2）BBU-AAU 接口光纤通信正常 （3）已经完成数据配置 （4）选择在刚开通时或话务偏低的时段测试
验收标准	（1）AAU 配置齐备，符合要求 （2）AAU 与基带板光口的连接关系与实际扇区相符，且收发连接正确 （3）上电启动正常后，AAU 处于工作状态
测试说明	无
测试结果	
是否通过验收	

续表

测试人员	

表 5.10 倒换和再启动测试

测试内容	系统掉电重启测试
预置条件	（1）基站各单板指示灯状态正常 （2）OMM 已经正确安装并能正常连接前台 （3）两部已放号的测试手机 （4）下电前，在该 Node B 下小区中有业务进行（选做） （5）选择刚开通时或话务偏低的时段进行测试
测试步骤	（1）手动对基站系统进行掉电操作 （2）1 分钟后，给基站上电，5 分钟后发起呼叫业务 （3）下电前后检查电源指示灯亮灯情况 （4）上电后检查各单板指示灯状态是否正常
验收标准	（1）下电后，业务挂断，资源正常释放 （2）重新上电后，前后台通信恢复正常 （3）上电 5 分钟后重新发起业务正常 （4）下电时电源指示灯常灭，整机上电时电源指示灯常亮 （5）上电后各单板的指示灯状态正常
测试说明	无
测试内容	单板再启动功能测试
预置条件	（1）基站各单板在位，且指示灯状态正常 （2）OMM 已经正确安装并能正常连接前台 （3）两部已放号的测试手机，发起语音呼叫并保持 （4）选择刚开通时或话务偏低的时段进行测试
测试步骤	（1）触发条件一：拔插前台各槽位单板（有主备的同时拔插主板和备板），等各单板启动正常后，重新接入业务 （2）触发条件二：前台复位各槽位单板（有主备的同时复位主板和备板），等各单板启动正常后，重新接入业务 （3）触发条件三：在 OMM 上对各个单板进行复位操作，等各单板启动正常后，重新接入业务
验收标准	（1）各单板启动正常后，可重新接入的最长时间≤5 分钟，成功率为 100% （2）单板指示灯指示正常
测试说明	无
测试内容	主控板主备倒换功能测试

续表

预置条件	（1）基站各单板指示灯状态正常 （2）主备 CC 单板在位 （3）OMM 已经正确安装并能正常连接前台 （4）两部已放号的测试手机，发起语音呼叫并保持 （5）选择刚开通时或话务偏低的时段进行测试
测试步骤	（1）触发条件一：从 OMM 后台使用命令触发主控单板的主备倒换，察看单板上业务是否保持、M/R 指示灯是否正确 （2）触发条件二：前台使用主备倒换按钮发起主备倒换，察看单板上业务是否保持、M/R 指示灯是否正确 （3）触发条件三：拔出主用单板触发主备倒换，察看单板上业务是否保持、M/R 指示灯是否正确 （4）触发条件四：分别从前台和后台复位主控单板触发主备倒换，察看单板上业务是否保持、M/R 指示灯是否正确
验收标准	（1）主备倒换能够正常进行，倒换前正在进行的业务能够保持 （2）单板上的 M/R 指示灯能正确指示：常亮表示主用，常灭表示备用
测试说明	无
测试结果	
是否通过验收	
测试人员	

表 5.11　传输中断测试

测试内容	GE 传输中断测试
预置条件	（1）基站各单板指示灯状态正常 （2）基站 GE 光口传输正常 （3）业务正常
测试步骤	（1）断开该基站的所有 GE 光口传输，观察传输接口板指示灯状态 （2）恢复传输，等待 2 分钟后，观察传输接口板上的指示灯状态 （3）发起业务测试
验收标准	（1）传输断开时，传输接口板 ALM 灯 5Hz 闪烁 （2）传输恢复 2 分钟后，传输接口板指示灯正常 （3）传输恢复 2 分钟后，可以成功进行业务

续表

测试说明	无
测试结果	
是否通过验收	
测试人员	

5.2.4 任务实施

根据掌握的 5G 基站验收知识，完成 5G 基站设备验收，包括设备安装验收和硬件功能验收。

要求：分组实施；按各验收表格要求完成硬件安装检查和硬件功能测试；在各验收表格记录验收结果，如果有问题应能详细记录问题；验收完成后，各方在验收表格签字，如果有问题，应详细记录，方便后续整改。

任务 5.3 编制验收资料

5.3.1 任务描述

验收完成后，应对验收资料进行整理归档，方便后续检查。通过本任务的学习，学员将具备编制验收资料的工作技能。

5.3.2 任务目标

（1）能够完成验收资料的编制；
（2）能够完成验收资料的签证；
（3）能够完成验收资料的归档。

5.3.3 知识准备

5G 基站验收资料包括但不限于：
（1）主、配套设备安装检查记录。
（2）机房辅助设施检查记录。
（3）BBU、AAU 安装检查记录。

（4）电源线安装检查记录。

（5）接地线安装检查记录。

（6）天馈系统及线缆布放检查记录。

（7）GPS天线安装检查记录。

（8）电源测试记录。

（9）硬件功能测试记录。

（10）倒换和再启动测试记录。

（11）传输中断测试记录。

具体表格内容可参见表5.1至表5.11。

5.3.4　任务实施

1. 验收资料的编制

5G基站硬件安装及硬件测试完成后，应按要求及时编制验收资料。验收资料应通过所有相关方确认。

在验收开始前3天，验收资料需编制完成就位。

除上文提到的验收表格外，还需准备的验收资料包括：

（1）设备排列图。

（2）线缆布放图。

（3）机房各设备机架图。

（4）机房交流电供电系统图。

（5）机房直流供电系统图。

（6）机房保护接地系统图。

此外，5G基站设备验收一般是整个5G基站工程验收的一部分。其他工程类验收资料还包括机房建设检查记录、机房装修检查记录、机房空调检查记录、机房建设检查记录、地埋螺栓检查记录、塔桅安装检查记录、工程完工检查记录等。这不属于本书内容，不做详细介绍。

2. 验收资料的签证

5G基站设备验收完成后，现场由各方进行签证文件签署。除了5G设备验收外，还可能会进行其他工程类相关验收资料的签证。

3. 验收资料的归档

现场验收后，相关验收资料进行归档，并召开验收总结会，讨论各验收检查文档，总结经验。如有遗留问题，需与相关责任单位签署遗留问题备忘录，以便后续整改。

待全部遗留问题解决后，起草并讨论通过验收报告。

习题5

1. 请简述主设备机架的安装要求。

2．请简述室内走线的要求。

3．请简述接地线的安装要求。

4．请简述基站室外光纤的安装要求。

5．请简述走线架的安装要求。

6．请简述 GPS 天线的安装要求。

7．请简述倒换和再启动测试的步骤。

项目 6

5G 基站业务开通

项目概述

完成硬件安装及设备上电后就可以进行业务开通了，使 5G 基站正常工作。本项目介绍 5G 基站业务开通的步骤和方法。通过本项目的学习，学员将具备 5G 基站业务开通的工作技能。

学习目标

（1）能描述 5G 网管架构和功能；
（2）能配置 5G 基站数据；
（3）能完成 5G 基站业务调测。

扫一扫看
本项目教
学课件

任务 6.1 描述 5G 网管架构和功能

6.1.1 任务描述

在使用 5G 网管进行相关操作前，需要对其架构进行系统学习。本任务介绍 5G 网管架构和功能，通过本任务的学习为后续相关操作打下基础。

6.1.2 任务目标

（1）能描述 5G 网管基本架构；
（2）能描述 5G 网管软硬件组成；
（3）能描述 5G 网管功能组件。

6.1.3 知识准备

1. 5G 网管基本架构

5G 网管采用 NFV 架构，如图 6.1 所示。

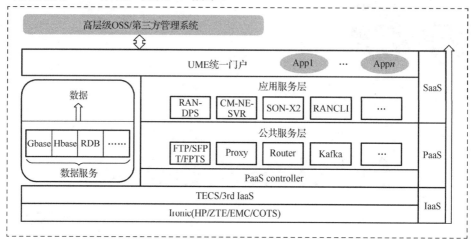

图 6.1 5G 网管架构

（1）SaaS：Software as a Service，软件即服务。

（2）PaaS：Platform as a Service，平台即服务。

（3）IaaS：Infrastructure as a Service，基础设施即服务。

SaaS、PaaS 和 IaaS 的解释如图 6.2 所示。

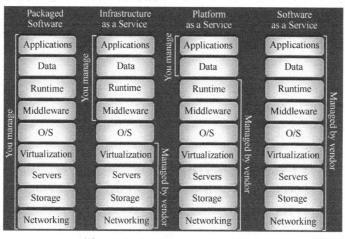

图 6.2 SaaS、PaaS 和 IaaS 的解释

5G 网管具备以下优点：

（1）Web 方式的用户界面。

（2）统一的 RAN 网络管理（如 4G / 5G 融合）。

（3）RAN 网络智能分析。

（4）开放的 API 接口。

（5）虚拟化部署。

2. 5G 网管软硬件组成

5G 网管软硬件组成如图 6.3 所示。

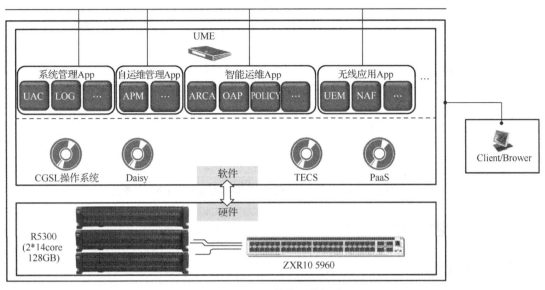

图 6.3　5G 网管软硬件组成

  5G 网管底层采用 R5300 服务器提供基础的 CPU、内存、存储等物理资源，通过 TECS 平台抽取具体资源形成虚拟网管平台，然后向高层提供网管功能，包括系统管理、自运维管理、智能运维和无线应用等 App 功能。客户端可远程接入 5G 网管。

3. 5G 网管功能组件

5G 网管功能组件如图 6.4 所示。

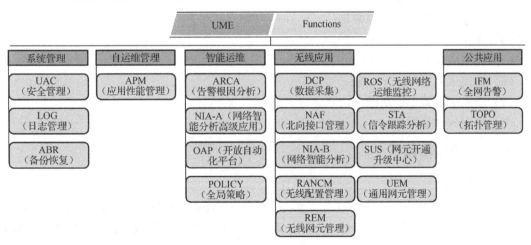

图 6.4　5G 网管功能组件

5G 网管功能组件如下：

（1）系统管理提供安全管理、日志管理和备份恢复等功能。

（2）自运维管理提供应用性能管理。

（3）智能运维提供告警根因分析、网络智能分析高级应用、开放自动化平台和全局策略等功能。

（4）无线应用提供数据采集、北向接口管理、网络智能分析、无线配置管理、无线网元管理、无线网络运维监控、信令跟踪分析、网元开通升级中心和通用网元管理。

（5）公共应用提供全网告警和拓扑管理。

6.1.4　任务实施

描述以下技术概念：

（1）描述 5G 网管基本架构；

（2）描述 5G 网管软硬件组成；

（3）描述 5G 网管功能组件。

要求：分组讨论；使用 PPT 制作演示材料；能够描述清楚相应的概念。

任务 6.2　配置数据

6.2.1　任务描述

配置数据包括配置全局数据、设备数据、传输数据和无线数据，完成数据配置后即可进行数据同步。本任务介绍 5G 基站数据配置的步骤和方法，通过本任务的学习，学员将具备 5G 基站数据配置的工作技能。

6.2.2　任务目标

（1）掌握数据配置流程；

（2）能完成配置设备数据；

（3）能完成配置支撑功能数据；

（4）能完成配置传输网络数据；

（5）能完成配置 CUUP 功能；

（6）能完成配置 CUCP 功能；

（7）能完成配置 DU 功能；

（8）能完成数据同步。

6.2.3　知识准备

1．操作前提

5G 基站数据的制作，一般都是通过导入规划数据 Excel 表到网管后自动生成完整数据。

下面通过介绍手动配置完整的 5G 基站数据，可以了解各个参数的含义及参数之间的联动关系，便于后续的故障定位及参数修改。

2．初始配置前提

数据配置前需要前后台建链，若前后台没有建链，则无法进行初始数据配置。

基站需满足前后台建链的最小数据包含：主控板、基站 OAM-IP、操作维护通道等，因

此本书介绍的初始条件就是基站已经具备最小前后台建链的数据配置。其他数据配置，本任务将逐一介绍。

3. 基本操作流程

前后台建链后，数据配置可在【无线配置管理】→【现网区配置】→【Smart 配置】中配置或修改网元。在【现网区配置】→【Smart 配置】中完成每个节点配置后，都需要执行【激活】操作，否则后续操作可能无法继续。Smart 配置操作图标如图 6.5 所示。

图 6.5 Smart 配置操作图标

6.2.4 任务实施

1. 配置设备数据

1）创建网元

（1）登录网管界面，单击 图标，打开无线网元管理界面，如图 6.6 所示。

图 6.6 无线网元管理界面

（2）在左侧的【节点管理】下拉菜单中单击【增加网元】命令项，打开【增加网元】页面，如图 6.7 所示。

设置下面的相关参数后，单击【确定】按钮完成。

● 【网元类型】：ITBBU，唯一值。

● 【子网 ID】：根据规划填写。

● 【网元 ID】：根据规划填写。

● 【网元名称】：根据规划填写，如存在特殊字符时（如中文或特殊符号），创建后会自动被修改为 ManagedElement。

5G 基站建设与维护

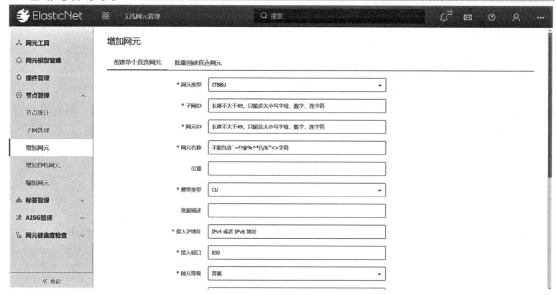

图 6.7　增加网元

- 【位置】：根据实际情况填写，一般为网元的实际地址。
- 【模型类型】：CU，唯一值。
- 【资源描述】：根据实际情况填写，一般为网元的资源配置情况。
- 【接入 IP 地址】：基站网元地址，该地址用于和网管通信，即 initData.xml 中的接口 IP 地址。
- 【接入端口】：默认为 830。
- 【网元等级】：一般默认为普通，可选普通、C 级、B 级、VIP。

（3）在【节点管理】下拉菜单中单击【编辑网元】命令项，打开【编辑网元】页面，查看相关网元状态，确保网元已建链，如图 6.8 所示。在编辑网元区域只能对正常建链的网元进行修改，无法对断链的网元进行修改操作。

图 6.8　编辑网元

2）打开 MO 编辑器页面

（1）在【无线配置管理】页面，选择左侧的【通用配置】命令项，如图 6.9 所示。

图 6.9 通用配置

（2）单击【MO 编辑器】图标，打开【选择网元】页面，如图 6.10 所示。

图 6.10 选择网元

（3）在【待选网元】中勾选待编辑的网元，如图 6.11 所示。

图 6.11 查找目的网元

（4）切换到【已选列表】页面，选择网元后如图 6.12 所示，单击【确定】按钮。

图 6.12　已选网元

（5）打开【MO 编辑器】，在下拉菜单中选择【所有】配置节点（默认选择【无线】配置节点），如图 6.13 所示。

图 6.13　MO 编辑器

（6）【管理网元】配置项目分为【系统功能】、【GSM】、【设备】、【支撑功能】、【GNBCUUPFunction】、【UMTS】、【NRRadioInfrastructure】、【NR 自组织网络功能】、【传输网络】等，如图 6.14 所示。

3）系统功能配置

【系统功能】节点下的参数由系统自动创建，无须配置。

与该配置相关的主要是了解 UME 的网管地址，选择【管理网元】→【系统功能】→【接入管理】→【操作维护通道】命令项，可以查看服务器地址，如图 6.15 所示。

图 6.14　配置项目

图 6.15　操作维护通道

扫一扫看
设备配置
微课视频

4）设备配置

设备配置主要是配置单板机框及 GPS 天线等相关物理设备，【设备】页面的参数在建链后系统会自动创建。

在【MO 编辑器】页面，选择【管理网元】→【设备】命令项，在【设备】页面勾选网元后单击 ✐ 图标可查看设备信息，如图 6.16 所示。

5）配置机柜

（1）在【MO 编辑器】页面，选择【管理网元】→【设备】→【机柜】命令项，打开【机柜】页面，如图 6.17 所示。

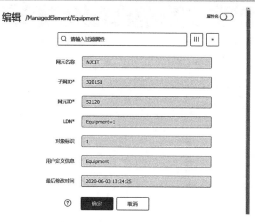

图 6.16 查看设备信息

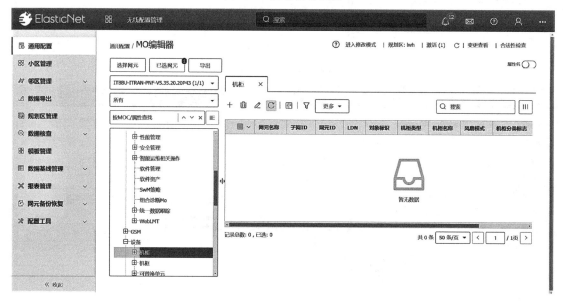

图 6.17 【机柜】页面

（2）单击 + 图标，打开机柜【增加】页面，如图 6.18 所示。

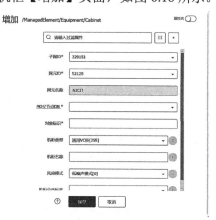

图 6.18 增加机柜

设置下面相关参数后，单击【保存】按钮完成增加机柜。

- 【子网 ID】：自动继承网元创建的配置。
- 【网元 ID】：自动继承网元创建的配置。
- 【网元名称】：自动继承网元创建的配置。
- 【MO 父节点 DN】：依据前面节点配置。
- 【对象标识】：参数配置不能使用中文，只能使用英文、部分符号或数字，可按数字顺序配置。
- 【机柜类型】：根据实际设备类型选择。
- 【机柜名称】：根据实际设备名称命令。
- 【风扇模式】：默认选择低噪声模式。

6）配置机框

（1）在【MO 编辑器】页面，选择【管理网元】→【设备】→【机框】命令项，打开【机框】页面，如图 6.19 所示。

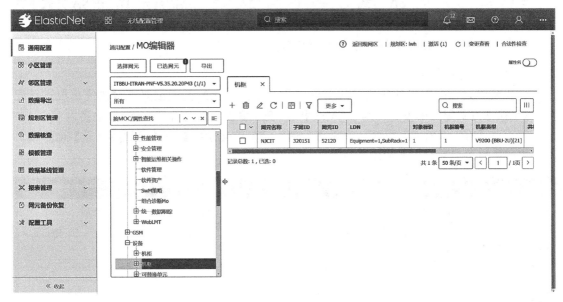

图 6.19 【机框】页面

（2）单击 + 图标，打开机框【增加】页面，如图 6.20 所示。

设置下面相关参数。

- 【子网 ID】：自动继承网元创建的配置。
- 【网元 ID】：自动继承网元创建的配置。
- 【网元名称】：自动继承网元创建的配置。
- 【MO 父节点 DN】：依据前面节点配置。
- 【对象标识】：参数配置不能使用中文，只能使用英文、部分符号或数字，可按数字顺序配置。
- 【机框编号】：可按数字顺序配置。
- 【机框类型】：默认为 V9200 机框。

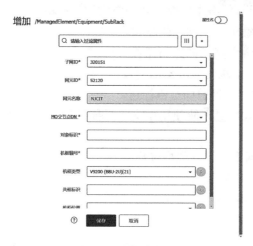

图 6.20　增加机框

● 【共框标识】：在 NSA 方式下共框标识需要填写共框基站的网元 ID，在 SA 方式下共框标识无须填写。

单击【保存】按钮并激活，完成增加机框。

7）配置可替换单元

可替换单元为配置实际在槽位的单板类型。根据固化配置槽位要求对槽位单板进行配置，SA 独立方式配置单板主要为 VSWc2 和 VBPc5 单板，以及对应的 AAU 设备。

（1）在【MO 编辑器】页面，选择【管理网元】→【设备】→【可替换单元】命令项，打开【可替换单元】页面，如图 6.21 所示。

图 6.21　【可替换单元】页面

（2）配置主控板。单击 + 图标，打开可替换单元【增加】页面，如图 6.22 所示。

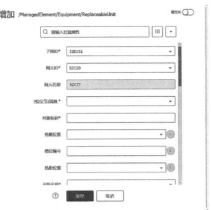

图 6.22 增加可替换单元

设置主控板参数。

- 【子网 ID】：自动继承网元创建的配置。
- 【网元 ID】：自动继承网元创建的配置。
- 【网元名称】：自动继承网元创建的配置。
- 【MO 父节点 DN】：依据前面节点配置。
- 【对象标识】：建议按照 VSW-1 方式填写，1 表示为 1 槽位。
- 【机框位置】：依据前面节点配置。
- 【槽位编号】：VSW 单板配置在 1 槽位，填写 1。
- 【机柜位置】：可不填写。
- 【设备名称】：填写实际单板硬件名称。填写非完整准确名称时，将无法同步。可在槽位节点查看具体名称。
- 【硬件场景】：单击 -- 按钮，打开【数组编辑】页面，如图 6.23 所示，单击下拉箭头选择【平台[0]】，单击【确定】按钮。

图 6.23 数组编辑

- 【设备功能模式】：设备使能模式，选择通用（0）。

在完成上述配置后，单击【保存】按钮完成主控板参数设置。

（3）配置基带板 VBPc5 单板。VBPc5 单板在 SA 独立组网方式下一般插在 8 槽位。

单击 + 图标，打开可替换单元【增加】页面，如图 6.22 所示。

- 【子网 ID】：自动继承网元创建的配置。
- 【网元 ID】：自动继承网元创建的配置。
- 【网元名称】：自动继承网元创建的配置。
- 【MO 父节点 DN】：依据前面节点配置。
- 【对象标识】：建议按照 VBPc5_8 方式填写，8 表示为 8 槽位。
- 【机框位置】：依据前面节点配置。
- 【槽位编号】：VBP 单板配置在 8 槽位，则填写 8。
- 【机柜位置】：可不填写。
- 【设备名称】：填写 VBPc5。填写非完整准确名称时，将无法同步。可在槽位节点查看具体名称，如图 6.24 所示。

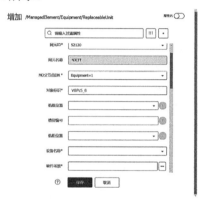

扫一扫看配置 VBP 板卡微课视频

图 6.24　增加 VBPc5 单板（1）

- 【硬件场景】：在界面中选择 5G（8192）。
- 【设备功能模式】：根据 VBP 单板使用的场景进行选择，本例按照 SA 组网低频方式选择 VBP：5G CPRI 模式 6NR(100M)，如图 6.25 所示。

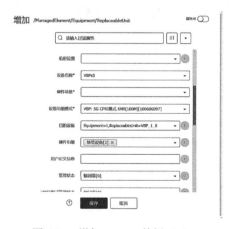

图 6.25　增加 VBPc5 单板（2）

在完成上述配置后，单击【保存】按钮完成数据配置。

（4）配置 AAU。每小区配置一个 AAU，AAU 根据实际配置类型进行配置。

单击 + 图标，打开【增加】可替换单元页面，如图 6.22 所示。

- 【子网 ID】：自动继承网元创建的配置。
- 【网元 ID】：自动继承网元创建的配置。
- 【网元名称】：自动继承网元创建的配置。
- 【MO 父节点 DN】：依据前面节点配置。
- 【对象标识】：对象标识建议按照 AAU 的型号和扇区 ID 方式进行填写，如 AAU9611_1 表示 AAU9611 型号及用于 1 扇区。
- 【设备名称】：填写 AAU 的完整型号，如 3.5 GHz AAU 名称"A9611 S35"。填写非完整准确名称时，将无法同步。
- 【硬件场景】：选择 5G（8192）。
- 【设备功能模式】：选择 AAU：5G 通用模式。

在完成上述配置后，单击【保存】按钮完成数据配置。

（5）配置电源模块 VPD。单击 + 图标，打开可替换单元【增加】页面，如图 6.22 所示。

- 【子网 ID】：自动继承网元创建的配置。
- 【网元 ID】：自动继承网元创建的配置。
- 【网元名称】：自动继承网元创建的配置。
- 【MO 父节点 DN】：依据前面节点配置。
- 【对象标识】：建议按照 VPDc1_5 方式填写，5 表示为 5 槽位。
- 【机框位置】：依据前面节点配置。
- 【槽位编号】：根据实际槽位配置。
- 【设备名称】：填写 VPD 单板的完整型号，如 VPDc1。
- 【硬件场景】：VPD 是硬件平台产品，即选择平台【0】。
- 【设备功能模式】：选择通用（0）。
- 【硬件功能】：选择电源设备【4】。

在完成上述配置后，单击【保存】按钮完成数据配置。

（6）配置风扇模块 VFC。单击 + 图标，打开可替换单元【增加】页面，如图 6.22 所示。

- 【子网 ID】：自动继承网元创建的配置。
- 【网元 ID】：自动继承网元创建的配置。
- 【网元名称】：自动继承网元创建的配置。
- 【MO 父节点 DN】：依据前面节点配置。
- 【对象标识】：建议按照 VFC_14 方式填写，14 表示为 14 槽位。
- 【机框位置】：依据前面节点配置。
- 【槽位编号】：VFC 固定为 14 槽位。
- 【设备名称】：填写 VFC 单板的完整型号，如 VFC1。
- 【硬件场景】：VFC 是硬件平台产品，即选择平台【0】。
- 【设备功能模式】：选择通用（0）。
- 【硬件功能】：选择风扇设备【1024】。

在完成上述配置后，单击【保存】按钮完成数据配置。

（7）启用端口。完成单板配置后，需要对配置的数据先进行激活，网管才会自动添加

槽位及单板端口配置。注意,此时单板端口为全部未启用状态,可
根据基站实际使用端口进行启用。

在【可替换单元】节点下选择【无线接口】命令项进行查询。
在【是否启用】框中选择【是[1]】,注意修改后及时单击【保存】按钮保存数据。

① 在【MO 编辑器】页面,选择【管理网元】→【设备】→【可替换单元】→【无线
接口】命令项,打开【无线接口】页面,如图 6.26 所示。

图 6.26 【无线接口】页面

② 勾选对应的无线接口项,单击 ✎ 图标打开【编辑】页面,在【是否启用】框中选
择【是[1]】,单击【保存】按钮保存数据,如图 6.27 所示。

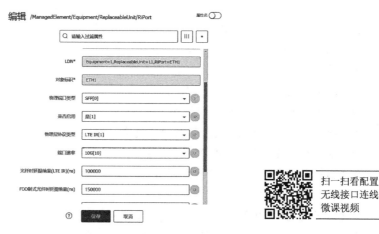

图 6.27 编辑无线接口

一般各 AAU 选择第一个端口【OPT1】,VBPc5 单板选择【OF1】～【OF3】。

8)配置无线接口

无线接口用于配置 AAU 与基带板 VBP 的端口对应关系,明确 AAU 与基带板 VBP 单

板的端口连接。每个 AAU 配置一条连线。

AAU 的接口有 3 个，一般选择 OPT1 与 BBU 连接。

基带板 VBPc5 单板接口有 6 个，按照固化配置要求，低频端口 1~3 用于与基站的 3 个扇区 AAU 连接。

（1）在【MO 编辑器】页面，选择【管理网元】→【设备】→【无线接口连线】命令项，打开【无线接口连线】页面，如图 6.28 所示。

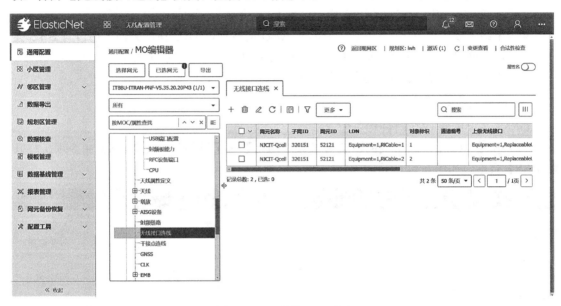

图 6.28　【无线接口】页面

（2）单击 + 图标打开无线接口【增加】页面，如图 6.29 所示。

图 6.29　增加无线接口

（3）配置相关参数。

● 【子网 ID】：自动继承网元创建的配置。

● 【网元 ID】：自动继承网元创建的配置。

- 【网元名称】：自动继承网元创建的配置。
- 【MO 父节点 DN】：依据前面节点配置。
- 【对象标识】：参数配置不能使用中文，只能使用英文、部分符号或数字。建议按照扇区编号方式进行标识，如 Cell1。
- 【通道编号】：按实际情况填写。
- 【上级无线接口】：在下拉菜单中选择对应槽位 VBP 单板的端口，1 扇区使用 OF1 端口，2 扇区使用 OF2 端口，3 扇区使用 OF3 端口。
- 【下级无线接口】：在下拉菜单中选择 AAU 的端口，AAU 使用 OPT1 端口与 BBU 连接；OPT2 用于 AAU 级联；OPT3 端口为 100G 端口，暂时不使用。

（4）单击【保存】按钮，完成配置无线接口连线。

9）配置 GNSS

GNSS 主要配置 GPS 时钟相关配置信息。

（1）在【MO 编辑器】页面，选择【管理网元】→【设备】→【GNSS】命令项，打开【GNSS】页面，如图 6.30 所示。

图 6.30 【GNSS】页面

（2）单击 + 图标，打开 GNSS 端口【增加】页面，如图 6.31 所示。

（3）配置相关参数。

- 【子网 ID】：自动继承网元创建的配置。
- 【网元 ID】：自动继承网元创建的配置。
- 【网元名称】：自动继承网元创建的配置。
- 【MO 父节点 DN】：依据前面节点配置。
- 【对象标识】：参数配置不能使用中文，只能使用英文、部分符号或数字，建议值为 GPS。

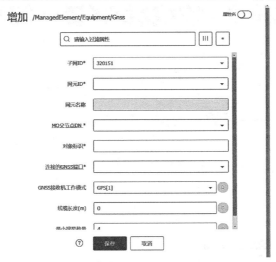

图 6.31　新增 GNSS 端口

- 【连接的 GNSS 端口】：GPS 天线可以通过 VSW 或 AAU 进行连接，一般情况为 VSW 单板连接 GPS 天线，因此选择 VSW GNSS 连接端口作为配置项目。
- 【GNSS 接收机工作模式】：接收机有三种模式，包括 GPS、BDS（北斗）及 GPS+BDS。现场可以根据需求进行配置选择。
- 【线缆长度】：根据现场 GPS 线缆实际长度进行配置。
- 【最小搜星数量】：默认配置为 4 个，即系统搜星低于 4 个则上报卫星门限告警。

（4）单击【保存】按钮，完成配置 GNSS 端口参数。

2. 配置支撑功能数据

支撑功能主要包括时钟同步、时间、NTP、AAU 发射接收组、扇区功能、基带功能及前传 1588 时钟等信息。

扫一扫看配置时钟同步微课视频

1）配置时钟同步

时钟同步主要是配置时钟参考源信息。时钟参考源有 GNSS 时钟参考源、CRPI GNSS 时钟参考源、1PPS+TOD 时钟源、SyncE 时钟源、1588 时钟参考源，可以根据现场实际配置时钟情况进行配置。一般情况下基站均会配置 GPS 时钟或北斗时钟，所以默认情况下 GNSS 时钟参考源优先级最高。

步骤如下：

（1）在【MO 编辑器】页面，选择【管理网元】→【支撑功能】→【时钟同步配置】命令项，打开【时钟同步配置】页面，如图 6.32 所示。

（2）单击 + 图标打开时钟同步【增加】页面，如图 6.33 所示。

（3）配置时钟同步参数。

- 【子网 ID】：自动继承网元创建的配置。
- 【网元 ID】：自动继承网元创建的配置。
- 【网元名称】：自动继承网元创建的配置。
- 【MO 父节点 DN】：依据前面节点配置。

图 6.32 【时钟同步配置】页面

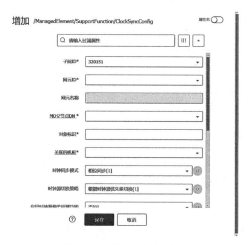

图 6.33 增加时钟同步

- 【对象标识】：参数配置不能使用中文，只能使用英文、部分符号或数字，建议值如 ClockConfig-1。
- 【关联的机框】：依据前面节点配置。
- 【时钟同步模式】：如采用 GPS 时钟，则选择相位同步；如采用 1588 时钟，则选择 频率同步。
- 【时钟源切换策略】：默认采用根据时钟源优先级切换[1]。
- 其他参数采用默认值。

单击【保存】按钮，完成时钟同步配置。

（4）选择【管理网元】→【支撑功能】→【时钟同步配置】→【GNSS 时钟】命令项， 打开【GNSS 时钟】页面，如图 6.34 所示。

图 6.34　【GNSS 时钟】页面

（5）单击 + 图标打开 GNSS 时钟【增加】页面，如图 6.35 所示。

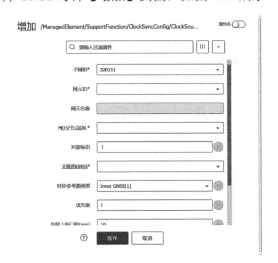

图 6.35　增加 GNSS 时钟

（6）配置 GNSS 时钟参数。

● 【子网 ID】：自动继承网元创建的配置。

● 【网元 ID】：自动继承网元创建的配置。

● 【网元名称】：自动继承网元创建的配置。

● 【MO 父节点 DN】：依据前面节点配置。

● 【对象标识】：参数配置不能使用中文，只能使用英文、部分符号或数字，建议采用默认值 1。

● 【关联的 GNSS】：依据前面节点配置。

● 【时钟参考源类型】：默认选择 Inner GNSS[1]。

● 【优先级】：默认选择 1。优先级参数配置在有多个时钟参考源时起作用，表明系统优先使用哪个时钟参考源信号。默认优先顺序为 GNSS>CRPI>1PPS+TOD> SynE>1588。

（7）单击【保存】按钮，完成配置时钟参考源及配置（GNSS）参数。

2）配置时间

时间配置默认自动创建，需根据时区、夏令时进行调整。

步骤如下：

（1）在【MO 编辑器】页面，选择【管理网元】→【支撑功能】→【时间配置】命令项，打开【时间配置】页面，如图 6.36 所示。

图 6.36 【时间配置】页面

（2）勾选相应的网元，单击 + 图标打开时间配置【编辑】页面，如图 6.37 所示。

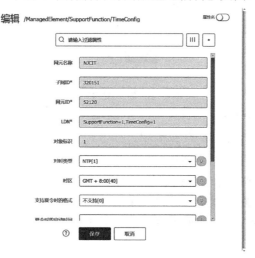

图 6.37 时间配置【编辑】页面

（3）配置时间参数。

● 【子网 ID】：自动继承网元创建的配置。

● 【网元 ID】：自动继承网元创建的配置。

● 【网元名称】：自动继承网元创建的配置。

● 【LDN】：节点 DN，依据前面节点配置。

● 【对象标识】：参数配置不能使用中文，只能使用英文、部分符号或数字，建议采用默认值 1。

● 【对时类型】：默认为 NTP[1]。

● 【时区】：根据所在区域时区进行选择，中国为东八区 GMT+8:00。

● 【支持夏令时的格式】：有三种格式类型可供选择，分别为不支持、月日时分和月周星期时分方式计时，可以根据需要进行配置。

● 【夏令时的启动时间】：根据夏令时格式填写启动夏令时时间，不使用夏令时时无须配置。

● 【夏令时的结束时间】：根据夏令时格式填写停止夏令时时间，不使用夏令时时无须配置。

● 【夏令时偏移】：根据夏令时的小时的偏移量填写，在不配置夏令时时该参数无效。

（4）单击【保存】按钮，完成配置时间参数。

3）配置 NTP

步骤如下：

（1）在【MO 编辑器】页面，选择【管理网元】→【支撑功能】→【NTP 配置】命令项，打开【NTP 配置】页面，如图 6.38 所示。

图 6.38 【NTP 配置】页面

（2）单击 + 图标打开 NTP 配置【增加】页面，如图 6.39 所示。

5G 基站建设与维护

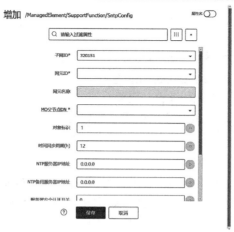

图 6.39　增加 NTP 配置

（3）配置 NTP 参数。

- 【子网 ID】：自动继承网元创建的配置。
- 【网元 ID】：自动继承网元创建的配置。
- 【网元名称】：自动继承网元创建的配置。
- 【MO 父节点 DN】：依据前面节点配置。
- 【对象标识】：参数配置不能使用中文，只能使用英文、部分符号或数字，建议采用默认值 1。
- 【时间同步周期】：建议采用默认值 12。
- 【SNTP 服务器 IP 地址】：一般情况下网管会提供 NTP 服务，所以 NTP 服务器地址填写 UME 网管的地址。
- 【NTP 备用服务器 IP 地址】：按照规划填写。

（4）单击【保存】按钮，完成配置 NTP。

4）配置 AAU 发射接收组

每个 AAU 配置一个 AAU 发射接收组。

步骤如下：

（1）在【MO 编辑器】页面，选择【管理网元】→【支撑功能】→【AAU 发射接收组】命令项，打开【AAU 发射接收组】页面，如图 6.40 所示。

（2）单击 + 图标打开 AAU 发射接收组【增加】页面，如图 6.41 所示。

（3）配置 AAU 发射接收组参数。

- 【子网 ID】：自动继承网元创建的配置。
- 【网元 ID】：自动继承网元创建的配置。
- 【网元名称】：自动继承网元创建的配置。
- 【MO 父节点 DN】：依据前面节点配置。
- 【对象标识】：每个 AAU 均需配置一个 AAU 发射接收组。建议和 AAU 配置的对象标识一致，如按照推荐值配置，AAU9611Group-1 表示 AAU9611 型号及用于 1 扇区。
- 【AAU 设备】：依据前面节点配置，选择对应的 AAU 编号。例如，配置 1 扇区的 AAU

图 6.40　【AAU 发射接收组】页面

图 6.41　增加 AAU 发射接收组

发射接收组，则选择可替换单元中配置的 AAU9611-1。

●【天线组编号】：根据现场实际情况填写。

●【用于接收的射频通道】：AAU 发射接收组配置 AAU 的天线端口数量，A9611 S35 通道数为 64，所以发射接收组为 1～64。

●【用于发射的射频通道】：AAU 发射接收组配置 AAU 的天线端口数量，A9611 S35 通道数为 64，所以发射接收组为 1～64。

（4）单击【保存】按钮，完成配置 AAU 发射接收组参数。

5）配置扇区功能

每个小区配置一个扇区功能。

步骤如下：

（1）在【MO 编辑器】页面，选择【管理网元】→【支撑功能】→【扇区功能】命令项，

图 6.42 【扇区功能】页面

打开【扇区功能】页面，如图 6.42 所示。

（2）单击 + 图标打开扇区功能【增加】页面，如图 6.43 所示。

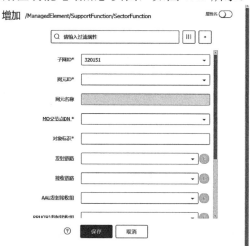

图 6.43 增加扇区功能

（3）配置扇区功能参数。

● 【子网 ID】：自动继承网元创建的配置。

● 【网元 ID】：自动继承网元创建的配置。

● 【网元名称】：自动继承网元创建的配置。

● 【MO 父节点 DN】：依据前面节点配置。

● 【对象标识】：建议按扇区填写标识，网管推荐值如 Sector-1 为 1 小区。

● 【发射链路】：根据实际采用的 AUU 型号填写。

● 【接收链路】：根据实际采用的 AUU 型号填写。

● 【AAU 发射接收组】：选择该扇区对应的 AAU 发射接收组。

● 【频段类型】：根据 AAU 型号支持频段选择，如 AAU9611 S35 选择频段 42。

● 【配置输出功率】：根据规划配置，默认为不填写。

● 【可用扇区功率】：根据规划配置，默认为不填写。

（4）单击【保存】按钮，完成扇区功能的配置。

6）配置基带功能

每个基带板配置一个基带功能。

步骤如下：

（1）在【MO 编辑器】页面，选择【管理网元】→【支撑功能】→【基带功能】命令项，打开【基带功能】页面，如图 6.44 所示。

图 6.44　【基带功能】页面

（2）单击 + 图标打开基带功能【增加】页面，如图 6.45 所示。

图 6.45　增加基带功能

（3）配置基带功能参数。

● 【子网 ID】：自动继承网元创建的配置。

● 【网元 ID】：自动继承网元创建的配置。

● 【网元名称】：自动继承网元创建的配置。

● 【MO 父节点 DN】：依据前面节点配置。

● 【对象标识】：建议按照网管推荐值配置，如 BpFunction-8 表示 8 槽位的 VBP 基带板和 VBP 板配置的对象标识一致，如 VBPc5-8。

● 【目的设备】：选择待关联的基带板。

（4）单击【保存】按钮，完成基带功能的配置。

7）配置前传 1588 时钟

每个 AAU 需配置一个前传 1588 时钟。

步骤如下：

（1）在【MO 编辑器】页面，选择【管理网元】→【支撑功能】→【前传 1588 时钟】命令项，打开【前传 1588 时钟】页面，如图 6.46 所示。

图 6.46 【前传 1588 时钟】页面

（2）单击 + 图标打开前传 1588 时钟【增加】页面，如图 6.47 所示。

（3）配置前传 1588 时钟参数。

● 【子网 ID】：自动继承网元创建的配置。

● 【网元 ID】：自动继承网元创建的配置。

● 【网元名称】：自动继承网元创建的配置。

● 【MO 父节点 DN】：依据前面节点配置。

● 【对象标识】：按照网管推荐值配置，如 PtpLink-1 表示第 1 小区前传 1588 时钟。

● 【PTP 域号】：一般默认为 0。

● 【目的光口】：选择 VBP 上连接 AAU 的端口号，如 OF1。

图 6.47　增加前传 1588 时钟

● 【使用的通道】：根据现场实际情况填写。

（4）单击【保存】按钮，完成前传 1588 时钟的配置。

3．配置传输网络数据

扫一扫看配置以太网接口微课视频

1）配置以太网接口

（1）在【MO 编辑器】页面，选择【管理网元】→【传输网络】→【以太网接口】命令项，打开【以太网接口】页面，如图 6.48 所示。

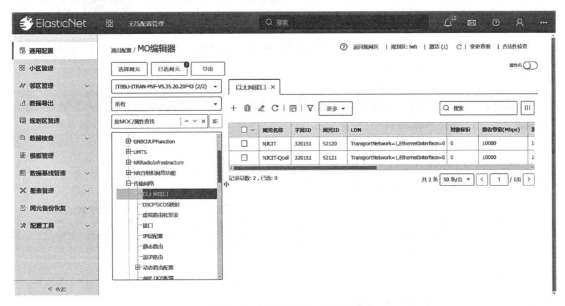

图 6.48　【以太网接口】页面

（2）勾选网元，单击 + 图标打开以太网接口【增加】页面，如图 6.49 所示。

（3）配置以太网接口参数。

● 【子网 ID】：自动继承网元创建的配置。

● 【网元 ID】：自动继承网元创建的配置。

图 6.49 增加以太网接口

- 【网元名称】：自动继承网元创建的配置。
- 【MO 父节点 DN】：依据前面节点配置。
- 【对象标识】：按照网管推荐值配置。
- 【接收带宽】：配置以太网接口传输带宽。
- 【发送带宽】：配置以太网接口发送带宽。
- 【最大传输单元】：默认配置为 1500Byte。

（4）单击【保存】按钮，完成以太网接口的配置。

扫一扫看配置 VLAN 微课视频

2）配置 VLAN

（1）在【MO 编辑器】页面，选择【管理网元】→【传输网络】→【接口】命令项，打开【接口】页面，如图 6.50 所示。

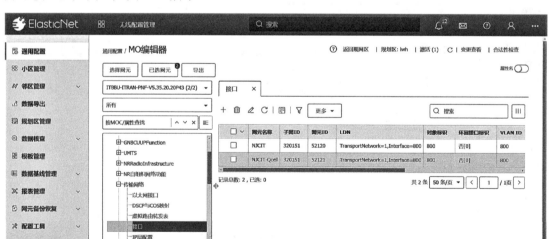

图 6.50 【接口】页面

（2）单击 + 图标打开接口【增加】页面，如图 6.51 所示。

图 6.51　增加接口

（3）配置 VLAN 参数。

● 【子网 ID】：自动继承网元创建的配置。

● 【网元 ID】：自动继承网元创建的配置。

● 【网元名称】：自动继承网元创建的配置。

● 【MO 父节点 DN】：依据前面节点配置。

● 【对象标识】：IP 配置时需引用，建议标识指示 VLAN ID，如 VLAN101。

● 【环回接口标识】：为默认值，选择【否】。

● 【VLAN ID】：填写 VLAN ID 数值，如 101。

● 【使用的以太网接口】：依据前面节点配置。

（4）单击【保存】按钮，完成 VLAN 配置。

3）IP 层配置

（1）在【MO 编辑器】页面，选择【管理网元】→【传输网络】→【IP 层配置】命令项，打开【IP 层配置】页面，如图 6.52 所示。

（2）单击 + 图标打开 IP 层配置【增加】页面，如图 6.53 所示。

（3）配置 IP 层配置参数。

● 【子网 ID】：自动继承网元创建的配置。

● 【网元 ID】：自动继承网元创建的配置。

● 【网元名称】：自动继承网元创建的配置。

● 【MO 父节点 DN】：依据前面节点配置。

● 【对象标识】：建议标识指示 IP 的类型，如 IP-OAM、IP-NG、IP-Xn。

● 【IP 地址】：根据规划填写 IP。

● 【使用的接口】：根据规划选择 IP 关联的 VLAN。

● 【前缀长度】：根据规划选择 IP 对应的前缀。

图 6.52 【IP 层配置】页面

图 6.53 增加 IP 层配置

扫一扫看配置 IP 层微课视频

（4）单击【保存】按钮，完成 IP 层配置。

扫一扫看配置静态路由微课视频

4）配置静态路由

两层组网，配置 IP 层配置地址和网关即可；如果基站采用三层组网方式，且基站业务与接口地址及目的地址不在同一网段，则需配置静态路由。

（1）在【MO 编辑器】页面，选择【管理网元】→【传输网络】→【静态路由】命令项，打开【静态路由】页面，如图 6.54 所示。

（2）单击 + 图标打开静态路由【增加】页面，如图 6.55 所示。

（3）配置静态路由参数。

● 【子网 ID】：自动继承网元创建的配置。

● 【网元 ID】：自动继承网元创建的配置。

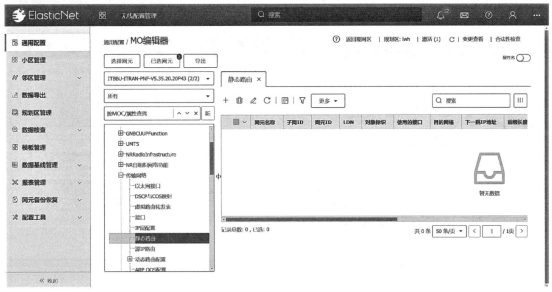

图 6.54　【静态路由】页面

图 6.55　增加静态路由

- 【网元名称】：自动继承网元创建的配置。
- 【MO 父节点 DN】：依据前面节点配置。
- 【对象标识】：参数配置不能使用中文，只能使用英文、部分符号或数字，可按数字顺序配置。
- 【使用的接口】：根据规划选择 VLAN。
- 【目的网络】：目的 IP 地址所在的地址段，如 5G 核心网地址段。
- 【下一跳 IP 地址】：和目的 IP 地址通信的站点 IP 地址对应的网关。

（4）单击【保存】按钮，完成静态路由的配置。

5）配置 5G 业务承载通道

（1）在【MO 编辑器】页面，选择【管理网元】→【传输网络】→【5G 业务承载通

扫一扫看配置
5G 业务承载
通道微课视频

道】命令项，打开【5G 业务承载通道】页面，如图 6.56 所示。

图 6.56 【5G 业务承载通道】页面

（2）单击 + 图标打开 5G 业务承载通道【增加】页面，如图 6.57 所示。

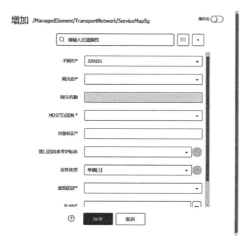

图 6.57 增加 5G 业务承载通道

（3）配置业务与 DSCP 映射参数。

● 【子网 ID】：自动继承网元创建的配置。

● 【网元 ID】：自动继承网元创建的配置。

● 【网元名称】：自动继承网元创建的配置。

● 【MO 父节点 DN】：依据前面节点配置。

● 【对象标识】：参数配置不能使用中文，只能使用英文、部分符号或数字，可按数字顺序配置。

● 【接口启用参考 IP 标志】：依据前面的 IP 传输设置。

● 【业务类型】：有单播、多播和广播三个选项，默认选择单播选项。

● 【使用的 IP】：IP-NG 业务地址，实际按规划配置。

● 【PLMN】：运营商 PLMN，格式为 MCC-MNC。

（4）单击【保存】按钮，完成 5G 业务承载通道的参数配置。

扫一扫看
配置 SCTP
微课视频

6）配置 SCTP

（1）在【MO 编辑器】页面，选择【管理网元】→【传输网络】→【SCTP】命令项，打开【SCTP】页面，如图 6.58 所示。

图 6.58　【SCTP】页面

（2）单击 + 图标打开 SCTP【增加】页面，如图 6.59 所示。

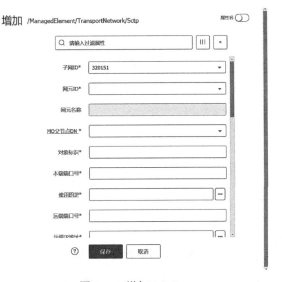

图 6.59　增加 SCTP

（3）配置 SCTP 参数。

● 【子网 ID】：自动继承网元创建的配置。

● 【网元 ID】：自动继承网元创建的配置。

● 【网元名称】：自动继承网元创建的配置。

● 【MO 父节点 DN】：依据前面节点配置。

● 【对象标识】：SCTPmoid，填写数字序号，后续 NGAP 和 XnAP 中需要引用该 ID 且引用时格式只能为数字。

● 【本端端口号】：规划的偶联本端端口号。

● 【使用的 IP】：在下拉菜单中选择需要引用的 IP。与核心网的偶联则选择 IP-NG 口 IP 地址。

● 【远端端口号】：规划的偶联对端端口号。

● 【远端 IP 地址】：规划的偶联对端 IP 地址。与核心网的偶联则配置核心网 MME 业务地址。

● 【出入流个数】：SA 站点采用默认配置为 2；NSA 站点采用默认配置为 3。

● 【SCTP 偶联类型】：包括 S1 偶联、F1 偶联、Xn 偶联，根据实际需要配置相应的偶联类型。默认值为和核心网的 S1 偶联。

● 【无线制式】：选择相应的制式。

（4）单击【保存】按钮，完成 SCTP 配置。

7）配置中传链路（CU 和 DU 分离场景配置）

CU 和 DU 分离场景下需配置中传链路，BBU 只作 DU 时需配置一条中传链路到 CU 侧。

（1）在【MO 编辑器】页面，选择【管理网元】→【传输网络】→【中传链路】命令项，打开【中传链路】页面，如图 6.60 所示。

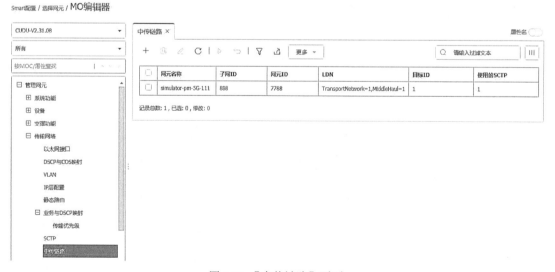

图 6.60 【中传链路】页面

（2）单击 + 图标打开中传链路【增加】页面，如图 6.61 所示。

图 6.61　增加中传链路

（3）配置中传链路参数。

●【子网 ID】：自动继承网元创建的配置。

●【网元 ID】：自动继承网元创建的配置。

●【MO 父节点 DN】：依据前面节点配置。

●【对象标识】：标识该中传链路。

●【目的 ID】：配置目的端 CU 的 NF ID，可参考目的设备的 ManagedElement 配置中的 Moid 属性值。

●【使用的 SCTP】：下拉选择在 SCTP 节点中配置的 F1 偶联类型的 SCTP 记录。

（4）单击【确定】按钮，完成中传链路的配置。

4．配置 CUUP 功能

配置 gNB CU 网元的用户面功能。

步骤如下：

（1）在【MO 编辑器】页面，选择【管理网元】→【GNBCUUPFunction】命令项，打开【GNBCUUPFunction】页面，如图 6.62 所示。

（2）单击 + 图标打开 GNBCUUPFunction【增加】页面，如图 6.63 所示。

（3）设置参数。

●【子网 ID】：自动继承网元创建的配置。

●【网元 ID】：自动继承网元创建的配置。

●【网元名称】：自动继承网元创建的配置。

●【对象标识】：可按数字顺序配置。

●【用户标识】：可按规划进行设置。

●【基站标识】：按照规划要求设置。

●【gNBId 长度的 bit 位数】：默认值为 24。

●【PLMN】：按规划要求设置。

（4）单击【保存】按钮完成配置。

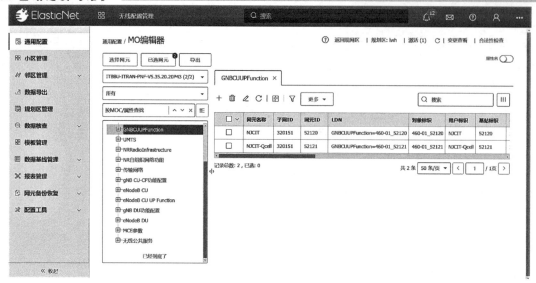

图 6.62 【GNBCUUPFunction】页面

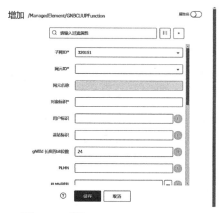

图 6.63 增加 GNBCUUPFunction

5. 配置 CUCP 功能

GNBCUCPFunction 节点自动创建，如图 6.64 所示，无须修改。

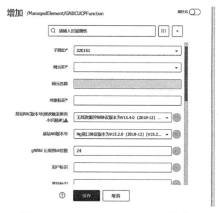

图 6.64 GNBCUCPFunction 节点

1）配置 ng 节点

ng 节点参数为自动创建，如图 6.65 所示。

图 6.65　ng 节点参数

2）配置 NG AP

（1）在【MO 编辑器】页面，选择【管理网元】→【GNBCUCPFunction】→【NG 节点】命令项，打开【NG 节点】页面，如图 6.66 所示。

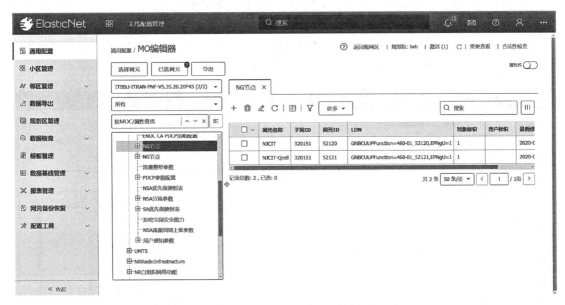

图 6.66　【NG 节点】页面

（2）单击 + 图标打开 NG 节点【增加】页面，如图 6.67 所示。

（3）设置参数。

●【子网 ID】：自动继承网元创建的配置。

●【网元 ID】：自动继承网元创建的配置。

●【网元名称】：自动继承网元创建的配置。

图 6.67　增加 NG 节点

● 【MO 父节点 DN】：依据前面节点配置。

● 【对象标识】：可按数字顺序配置。

● 【SCTP moid】：填写 NG 的偶联 SCTP moid。

（4）单击【保存】按钮，完成 NG AP 配置。

3）配置 PDCP 参数

从 QCI1 到 QCI9，分别对每一条 QCI 创建一条 PDCP 参数记录。

步骤如下：

（1）在【MO 编辑器】页面，选择【管理网元】→【gNBCUCP 功能配置】→【PDCP 参数】命令项，打开【PDCP 参数】页面，如图 6.68 所示。

图 6.68　【PDCP 参数】页面

（2）单击 + 图标打开 PDCP 参数【增加】页面，如图 6.69 所示。

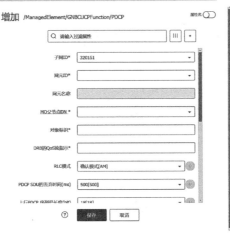

图 6.69　增加 PDCP 参数

（3）设置参数。

● 【子网 ID】：自动继承网元创建的配置。

● 【网元 ID】：自动继承网元创建的配置。

● 【网元名称】：自动继承网元创建的配置。

● 【MO 父节点 DN】：依据前面节点配置。

● 【对象标识】和【DRB 的 QoS 流指示】按 1～9 顺序编号填写，其他参数选默认值。

（4）单击【保存】按钮，完成 PDCP 参数配置。

4）配置 CU 小区

小区配置可通过网管页面手动逐条配置或通过网管上集成的模板创建，建议通过模板创建小区。

扫一扫看配置 CU 小区微课视频

步骤如下：

（1）在无线配置管理界面，双击左侧的【规划区管理】菜单命令，如图 6.70 所示。

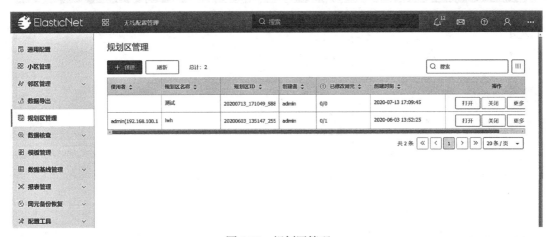

图 6.70　规划区管理

（2）单击【创建】按钮，打开规划区管理【创建】页面，如图 6.71 所示。

（3）填写【规划区 ID】、【规划区名称】、【权限】及【备注】后，单击【确定】按钮创建规划区。

（4）单击右侧的【打开】按钮进入规划区，如图 6.72 所示。

创建

* 规划区ID 20200717_112446_571

* 规划区名称

* 权限 ● 私有 ○ 公有

备注

0/400

确定 取消

图 6.71　创建规划区管理

创建

* 规划区ID 20200717_112536_057

* 规划区名称 测试

* 权限 ● 私有 ○ 公有

备注

0/400

创建规划区成功。   打开

图 6.72　规划区

（5）选择【无线配置管理】→【小区管理】菜单命令，单击【创建小区】图标命令，如图 6.73 所示。

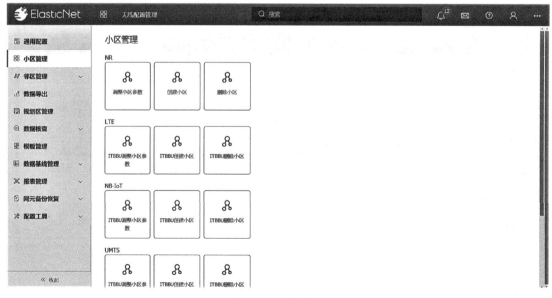

图 6.73　创建小区

（6）在【选择网元】页面勾选网元，如图 6.74 所示。

图 6.74　选择网元

（7）单击【确定】按钮，打开【创建小区】页面，如图 6.75 所示。

图 6.75　【创建小区】页面

（8）选择【NRCellCU】选项卡，单击 + 图标，填写相关数据，单击【保存】按钮完成 CU 小区配置，如图 6.76 所示。

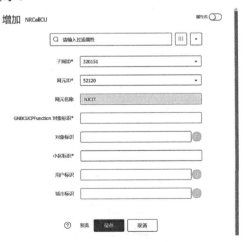

图 6.76　CU 小区配置

（9）单击【数据激活】→【立即激活】，打开【立即激活】页面，如图 6.77 所示。

图 6.77 【立即激活】页面

（10）勾选相应的网元，单击【激活】按钮，如图 6.78 所示，等待激活状态显示成功后完成激活。

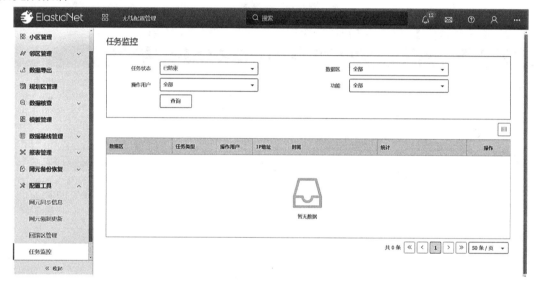

图 6.78 激活

5）配置 DU 全局开关

DU 全局开关自动创建，参数保持默认值，如图 6.79 所示。

图 6.79 DU 全局开关

6）配置 Qos 业务类型

QoS 业务类型创建示例如图 6.80 所示。

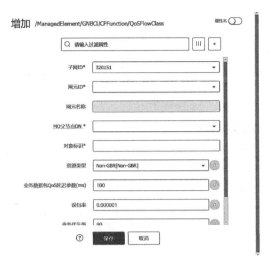

图 6.80   QoS 业务类型创建示例

6. 配置 DU 功能

GNBDUFunction 参数为自动创建，如图 6.81 所示，无须更改。

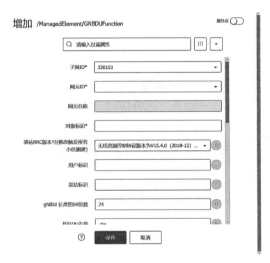

图 6.81   GNBDUFunction 参数

1）配置小区组

（1）在【MO 编辑器】页面，选择【管理网元】→【GNBDUFunction】→【DU 小区配置】命令项，打开【DU 小区配置】页面，如图 6.82 所示。

（2）单击 + 图标打开 DU 小区配置【增加】页面，如图 6.83 所示。

（3）【MO 父节点 DN】、【对象标识】按数字顺序填写，其他为默认值，单击【保存】按钮完成配置。

图 6.82 【DU 小区配置】页面

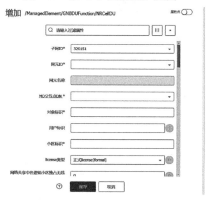

图 6.83 增加 DU 小区配置

2）配置 QoS 业务类型

（1）在【MO 编辑器】页面，选择【管理网元】→【GNBDUFunction】→【QoS 业务类型】命令项，打开【QoS 业务类型】页面。

（2）单击 + 图标打开 QoS 业务类型【增加】页面，如图 6.84 所示。

图 6.84 增加 QoS 业务类型

（3）按图 6.85 创建 11 条 QoS 业务类型。

对象标识	业务类型QCI编号	业务数据包QoS延迟参数(ms)	丢包率	业务类型名称	业务优先级	业务承载类型	Bucket Size时长(ms)
1	1	100	0.01	CVoIP[1]	2	GBR[GBR]	500
10	256	0	0	Signaling bearer[10]	1	GBR[GBR]	500
11	0	500	1	NVIP default bearer[9]	9	Non-GBR[N	500
2	2	150	0.001	CLSoIP[2]	4	GBR[GBR]	500
3	3	50	0.001	Real gaming[3]	3	GBR[GBR]	500
4	4	300	0.000001	BSoIP[4]	5	GBR[GBR]	500
5	5	100	0.000001	IMS signaling[5]	1	Non-GBR[N	500
6	6	300	0.000001	Prior IP service[6]	6	Non-GBR[N	500
7	7	100	0.001	LSoIP[7]	7	Non-GBR[N	500
8	8	300	0.000001	VIP default bearer[8]	8	Non-GBR[N	500
9	9	300	0.000001	NVIP default bearer[9]	9	Non-GBR[N	500

图 6.85　QoS 业务类型配置

（4）每条 QoS 业务类型创建完成后单击【保存】按钮，完成 QoS 业务类型配置，如图 6.86 所示。

对象标识	业务类型QCI编号	业务数据包QoS延迟参数(ms)	丢包率	业务类型名称	业务优先级	业务
1	1	100	0.01	CVoIP[1]	2	GBR
10	256	0	0.0	Signaling bearer[10]	1	GBR
11	0	500	1.0	NVIP default bearer[9]	9	Non
2	2	150	0.001	CLSoIP[2]	4	GBR
3	3	50	0.001	Real gaming[3]	3	GBR
4	4	300	0.000001	BSoIP[4]	5	GBR
5	5	100	0.000001	IMS signaling[5]	1	Non
6	6	300	0.000001	Prior IP service[6]	6	Non
7	7	100	0.001	LSoIP[7]	7	Non

录总数: 22，已选: 0　　　　　共22条　50条/页　〈　1　/1页　〉

图 6.86　完成 QoS 业务类型配置

3）配置 RLC

（1）在【MO 编辑器】页面，选择【管理网元】→【GNBDUFunction】→【RLC 配置】命令项，打开【RLC 配置】页面。

（2）单击 + 图标打开 RLC 配置【增加】页面，如图 6.87 所示。

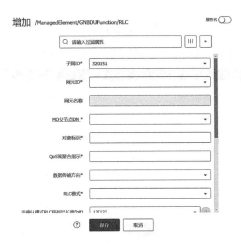

图 6.87　增加 RLC 配置

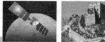

（3）配置参数后，单击【保存】按钮完成 RLC 配置。

从 QCI1 到 QCI9，每个 QCI 创建 4 条记录，共 36 条记录，设置上行&下行、确认模式（AM）&非确认模式（UM）的 4 种组合，如图 6.88 所示。

对象标识	QoS流聚合指示	数据传输方向	RLC模式	非确认模式RLC序列号长度(bit)	确认模式RLC序列号
1	65	上行[Uplink]	确认模式[AM]	12[12]	18[18]
10	83	上行[Uplink]	确认模式[AM]	12[12]	18[18]
11	84	上行[Uplink]	确认模式[AM]	12[12]	18[18]
12	85	上行[Uplink]	确认模式[AM]	12[12]	18[18]
13	65	上行[Uplink]	非确认模式[UM]	12[12]	18[18]
14	66	上行[Uplink]	非确认模式[UM]	12[12]	18[18]
15	67	上行[Uplink]	非确认模式[UM]	12[12]	18[18]
16	75	上行[Uplink]	非确认模式[UM]	12[12]	18[18]

记录总数: 168，已选: 0　　　　　　　　　　共 168 条　50 条/页 ▼　＜　1　/4页　＞

图 6.88　完成 RLC 配置

4）配置 RPF 相关参数

对每个 AAU 应配置一条 RPF 参数。步骤如下：

（1）在【MO 编辑器】页面，选择【管理网元】→【GNBDUFunction】→【射频处理功能】命令项，打开【射频处理功能】页面，如图 6.89 所示。

图 6.89　【射频处理功能】页面

（2）单击 + 图标打开射频处理功能【增加】页面，如图 6.90 所示。

图 6.90　增加射频处理功能

（3）配置相关参数，对每个AAU配置一条RPF参数，单击【确定】按钮完成。

5）配置基带处理功能

（1）在【MO编辑器】页面，选择【管理网元】→
【GNBDUFunction】→【基带处理功能】，打开【基带处理功能】页面。

（2）单击 + 图标打开基带处理功能【增加】页面，如图6.91所示。

图6.91 增加基带处理功能

（3）配置下面相关参数，其他参数为默认值，单击【确定】按钮完成。

● 【MoId】：对象标识，按数字顺序填写。

● 【refBpPoolFunction】：BpPoolFunction，选择支撑功能配置的
基带功能。

扫一扫看配
置配置网络切
片微课视频

6）配置网络切片

（1）在【MO 编辑器】页面，选择【管理网元】→【GNBDUFunction】→【网络切片
配置】命令项，打开【网络切片配置】页面，如图6.92所示。

（2）单击 + 图标打开网络切片配置【增加】页面。

图6.92 【网络切片配置】页面

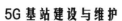

5G 基站建设与维护

（3）设置参数。

● 【子网 ID】：自动继承网元创建的配置。

● 【网元 ID】：自动继承网元创建的配置。

● 【MO 父节点 DN】：依据前面节点配置。

● 【对象标识】：按数字顺序填写即可。

● 【PLMN】：按照规划填写，格式为 MCC-MNC。

● 【跟踪区域码】：数据规划参数，按照规划填写跟踪区域码。

● 【切片业务类型】：填 1。

（4）单击【保存】按钮，完成网络切片配置。

（5）选择【管理网元】→【GNBDUFunction】→【网络切片配置】→【QoS 流 MAC 优先级】命令项，打开【QoS 流 MAC 优先级】页面。

（6）单击 + 图标打开 QoS 流 MAC 优先级【增加】页面，如图 6.93 所示。

图 6.93　增加 QoS 流 MAC 优先级

（7）配置参数后单击【保存】按钮完成。

QCI1～QCI9 配置 9 条下行、9 条上行（QCI7～QCI 9 上行逻辑信道 ID 都为 7）。

（8）重复第（5）～（7）步，增加 QoS 流 MAC 优先级，如图 6.94 所示。

业务数据包QoS时延参数(ms)	丢包率	业务类型名称	业务优先级	业务承载类型	Bucket Size时长(
100	0.01	CVoIP[1]	2	GBR[GBR]	500
0	0.0	Signaling bearer[10]	1	GBR[GBR]	500
500	1.0	NVIP default bearer[9]	9	Non-GBR[Non-GBR]	500
150	0.001	CLSoIP[2]	4	GBR[GBR]	500
50	0.001	Real gaming[3]	3	GBR[GBR]	500
300	0.000001	BSoIP[4]	5	GBR[GBR]	500
100	0.000001	IMS signaling[5]	1	Non-GBR[Non-GBR]	500
300	0.000001	Prior IP service[6]	6	Non-GBR[Non-GBR]	500
100	0.001	LSoIP[7]	7	Non-GBR[Non-GBR]	500

录总数: 22，已选: 0　　　　　　　　共 22 条　50条/页 ▼　<　1　/1页　>

图 6.94　增加 QoS 流 MAC 优先级

7）配置扇区载波

（1）在【MO 编辑器】页面，选择【管理网元】→【GNBDUFunction】→【扇区载波】命令项，打开【扇区载波】页面，如图 6.95 所示。

图 6.95 【扇区载波】页面

（2）单击 + 图标打开扇区载波【增加】页面，如图 6.96 所示。

图 6.96 增加扇区载波

（3）配置下面的参数后，单击【保存】按钮完成。

- 【子网 ID】：自动继承网元创建的配置。
- 【网元 ID】：自动继承网元创建的配置。
- 【MO 父节点 DN】：依据前面节点配置。
- 【对象标识】：按数字顺序填写即可。
- 【SectorFunction】：选择引用的扇区功能。
- 【BpPoolFunction】：选择引用的基带功能。

扫一扫看配置 DU 小区微课视频

8）配置 DU 小区

小区配置可通过网管页面手动逐条配置，也可通过网管上集成的模板来创建，建议通过模板创建小区。

（1）选择菜单命令进入【创建小区】页面，如图 6.97 所示。

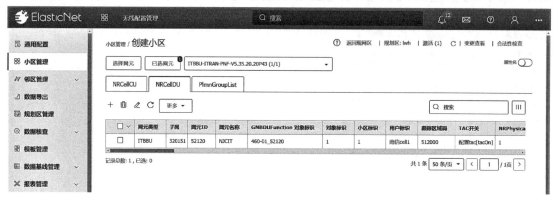

图 6.97 【创建小区】页面

（2）选择【NRCellDU】选项卡，单击【+】图标开始增加小区，如图 6.98 所示，设置相应参数后单击【保存】按钮。

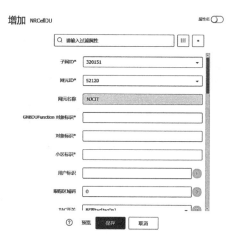

图 6.98 增加小区

（3）此时增加的小区状态处于去激活状态，单击【数据激活】→【立即激活】命令项，打开【立即激活】页面，勾选相应的网元，如图 6.99 所示。

图 6.99 【立即激活】页面

（4）单击【激活】按钮，如图 6.100 所示，等待激活状态显示成功后表示完成激活。

图 6.100　激活

任务 6.3　业务调测

6.3.1　任务描述

数据配置完成后，需要对 5G 基站进行业务调测，使其工作正常。本任务介绍 5G 基站业务调测步骤和方法，通过本任务的学习，使学员具备 5G 基站业务调测的工作技能。

6.3.2　任务目标

（1）能完成接入测试；
（2）能完成 Ping 测试；
（3）能完成 HTTP 网页浏览；
（4）能完成 FTP 下载。

6.3.3　知识准备

1. 随机接入流程

UE 通过随机接入过程获得时间同步，保证数据发送到系统接收窗口。随机接入分为基于竞争的随机接入和非竞争的随机接入。前者需要多个 UE 竞争接入资源，一般应用在初始接入场景，如图 6.101 所示；后者一般应用在切换场景，UE 的 Preamble 序列特殊，不需要竞争，可直接接入，如图 6.102 所示。

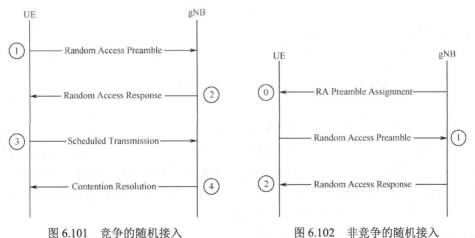

图 6.101　竞争的随机接入　　　　图 6.102　非竞争的随机接入

（1）UE 在 PRACH 上给 gNB 发送竞争的 Preamble 序列，发起随机接入。

（2）gNB 给 UE 回复响应消息，告知 TA（Time Advanced，用于时间同步），并分配后续上行资源。如果 gNB 没有回复 UE，UE 会重复发送 Preamble 序列，直到达到最大重复发送次数。

（3）UE 使用分配的上行资源，发起 RRC 连接请求，要求接入，请求后续资源。

（4）RRC 连接应答：UE 接收 ENB 发送的 Radio Resource Configuration 等信息，建立相关的连接，进入 RRC Connection 状态，此时 UE 接入系统，冲突解决。如果 gNB 没有回复 RRC 连接应答，UE 接入失败。

（5）在切换等场景，gNB 向 UE 分配特殊的 Preamble 序列，此序列不需要竞争。

（6）UE 使用分配的 Preamble 序列，发起随机接入。

（7）gNB 给 UE 回复响应消息，告知 TA（Time Advanced，用于时间同步），并分配后续上行资源。UE 可使用分配的上行资源发送后续信令。

2. 初始接入流程

UE 初始接入流程如图 6.103 所示。

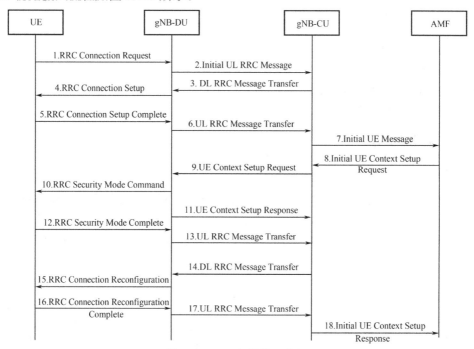

图 6.103　UE 初始接入流程

信令说明：

（1）UE 向 gNB-DU 发送 RRC 连接请求消息。

（2）gNB-DU 包含 RRC 消息，如果允许 UE，则在 F1AP 初始 UL RRC 传输消息和传输到 gNB-CU 中对应的低层配置。初始 UL RRC 传输消息包括 gNB-DU 分配的 C-RNTI。

（3）gNB-CU 为 UE 分配一个 gNB-CU UE F1AP ID，并向 UE 生成 RRC 连接设置消息。RRC 消息封装在- F1AP DL RRC 传输消息中。

（4）gNB-DU 向 UE 发送 RRC 连接建立消息。

（5）UE 向 gNB-DU 发送 RRC 连接建立完成消息。

（6）gNB-DU 将 RRC 消息封装在 F1AP UL RRC 传输消息中，并将其发送给 gNB-CU。

（7）gNB-CU 向 AMF 发送初始 UE 消息。

（8）AMF 向 gNB-CU 发送初始的 UE 上下文建立请求消息。

（9）gNB-CU 发送 UE 上下文建立请求消息，用以在 gNB-DU 中建立 UE 上下文。在此消息中，它还可以封装 RRC 安全模式命令消息。

（10）gNB-DU 向 UE 发送 RRC 安全模式命令消息。

（11）gNB-DU 将 UE 上下文设置响应消息发送给 gNB-CU。

（12）UE 以 RRC 安全模式完全响应消息。

（13）gNB-DU 将 RRC 消息封装在 F1AP UL RRC 传输消息中，并将其发送给 gNB-CU。

（14）gNB-CU 生成 RRC 连接重配置消息，并将其封装在 F1AP DL RRC 传输消息中。

（15）gNB-DU 向 UE 发送 RRC 连接重配置消息。

（16）UE 向 gNB-DU 发送 RRC 连接重配置完成消息。

（17）gNB-DU 将 RRC 消息封装在 F1AP UL RRC 传输消息中，并将其发送到 gNB-CU。

（18）gNB-CU 向 AMF 发送初始 UE 上下文设置响应消息。

6.3.4 任务实施

1. 接入测试

预置条件：gNodeB 设备正常开通，小区建立正常。

测试步骤：

（1）在站下使用测试终端接入 5G 网络 10 次，验证接入成功率。

（2）每一个小区都测试接入情况。

验收标准：每一个小区接入成功率为 100%。

2. Ping 测试

预置条件：

（1）gNodeB 设备正常开通，小区建立正常。

（2）测试终端可以正常完成接入。

（3）获取 PDN 服务器 IP，且 PDN 允许 Ping。

测试步骤：

（1）测试终端接入 5G 网络，再测试计算机 Ping PDN 服务器 IP 10 次。

（2）每一个小区都测试 Ping。

验收标准：每一个小区的 Ping 成功率为 100%。

3. HTTP 网页浏览

预置条件：

（1）gNodeB 设备正常开通，小区建立正常。

（2）测试终端可以正常完成接入。

测试步骤：使用测试终端浏览网页 10 次，每次触发前清除 IE 存储，验证 HTTP 网页浏览业务的质量。

验收标准：

（1）能正常浏览 HTTP 网页。

（2）10 次测试网页文本下载均未出现时间超时。

4．FTP 下载

预置条件：

（1）gNodeB 设备正常开通，小区建立正常。

（2）测试终端可以正常完成接入。

（3）FTP 服务器运行正常且可以正常访问。

（4）测试终端具备 FTP 下载功能。

测试步骤：

（1）在终端侧使用 FTP Client 登录 FTP 服务器。

（2）进行 FTP 文件下载测试，并实时监控传输速率。

验收标准：

（1）能正常连接 FTP 服务器，读取相关目录。

（2）鉴于空口质量尚未优化，单用户 FTP 流量达到 1000 Mbps 便可认为 FTP 下载正常。

扫一扫看什么是 UME 微课视频

扫一扫看 UME 架构组成微课视频

扫一扫看 UME 网管功能组件微课视频

扫一扫看 UME 软硬件部署策略微课视频

5．信令跟踪

信令跟踪是指跟踪 UE 和基站在通信过程中的信令数据。

信令跟踪的功能如下：

（1）定位网络故障。信令跟踪可以提供一个或多个通话的细节信息，在定位移动网络故障方面起着重要作用。

（2）为研究无线网络运行和优化提供支持。信令跟踪可以为故障处理、资源利用率优化、通信质量提升、无线覆盖优化、容量改进及掉话分析等提供数据基础，为进一步研究无线网络运行和优化提供支持。

信令跟踪步骤如下：

（1）登录 ElasticNet UME 系统，单击【信令跟踪分析】图标命令项，如图 6.104 所示。

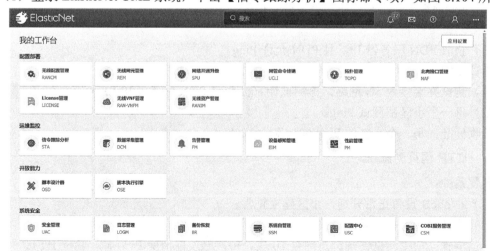

图 6.104　进入信令跟踪

（2）在左侧菜单栏中选择【小区跟踪】，打开小区跟踪页面，如图 6.105 所示，单击【新建】按钮，打开新建任务页面。

图 6.105　小区跟踪页面

扫一扫看 UME 硬件设备组网微课视频

扫一扫看 UME 登录和基础概念微课视频

扫一扫看 UME 基站数据配置前提条件微课视频

（3）选择待观察的网元，可以同时选择多个网元，如图 6.106 所示。

图 6.106　选择网元

（4）进行时间设置，如图 6.107 所示，单击【下一步】按钮。

图 6.107　时间设置

【时间设置】：设置跟踪任务运行的时间段。

（5）切换至【业务参数】页面，选择待跟踪的小区，观察数据和跟踪深度，完成后单击【完成】按钮，任务创建成功，在任务列表中显示新建的任务。

（6）信令跟踪任务创建完成后，可对其执行相应的管理操作，包括任务的删除、监控、修改、启动和停止，如图 6.108 所示。

图 6.108　管理信令跟踪任务

（7）单击右侧的【监控】按钮，在弹出信令数据详情页面中查看指定任务的信令数据。单击【实时数据】按钮，可以查看信令跟踪任务的实时数据，如图 6.109 所示。

序号	Detail	Time	Message Type	Message Name	Direction	gNBId	CellId	UeId	RNTI
1		2018-07-09 15:41:05 828	BCS_MCC	40110-4	send	1	698	48	458
2		2018-07-09 15:41:05 961	HCCM_GIS	EV_LM_DUC_CELL _INFO_RSP	send	1	698	48	458
3		2018-07-09 15:41:06 019	BCS_MCC	EV_MCC_CCM_CEL L_ORCHE_REQ	send	1	698	48	458
4		2018-07-09 15:41:06 171	LCCM_BFI	EV_DUC_BFIM_CE LL_UPDATE_REQ	send	1	698	48	458
5		2018-07-09 15:41:06 174	LCCM_BFI	EV_DU_BF1M_LCC M_CELL_UPDATE_ RSP	send	1	698	48	458
6		2018-07-09 15:41:06 264	HCCM_HRRM	EV_RRM_CCM_CEL L_CFG_RSP	send	1	698	48	458
7		2018-07-09 15:41:06 334	NG	40000-2	send	1	698	48	458
8		2018-07-09 15:41:06 349	BCS_OAM	EV_LCCM_CC_OAM _CELL_REL_REQ	send	1	698	48	458
9		2018-07-09 15:41:06 386	HCCM_GIS	EV_LM_DUC_CELL _INFO_RSP	send	1	698	48	458
10		2018-07-09 15:41:06 388	CF1_HCCM	EV_CF1M_HCCM_C ELL_SETUP_REQ	send	1	698	48	458
11		2018-07-09 15:41:06 527	UCA_UC	EV_UC_UCA_UE_C ONTEXT_COMMIT_ REQ	send	1	698	48	458
12		2018-07-09 15:41:06 549	E1	40113-1	send	1	698	48	458
13		2018-07-09 15:41:06 549	BCS_MCC	40110-4	send	1	698	48	458
14		2018-07-09 15:41:06 719	UCM_UC	EV_UCM_UC_RRC_ CONN_SETUP_REQ	send	1	698	48	458

图 6.109　参看实时信令任务

（8）单击【历史数据】按钮，可以查看信令跟踪任务的历史数据，如图 6.110 所示。

（9）单击 图标，在右侧弹出的页面中可以查看事件详情和原始码流，如图 6.111 所示。

（10）回到任务列表页面，找到之前创建的信令跟踪任务（在任务类型中可以看到），在最后的【操作】列中，单击【导出】按钮，如图 6.112 所示，可以将信令跟踪任务导出为 UDT 文件，以方便维护人员定位信令问题。

实时数据　历史数据

序号	Detail	Time	Message Type	Message Name	Direction	gNBId▼	CellId▼	UeId▼	RNTI▼
1		2018-07-09 15:40:26 959	INTRA_LCCM	40403-4	send	1	698	48	458
2		2018-07-09 15:40:26 986	F1	40003-3	send	1	698	48	458
3		2018-07-09 15:40:27 199	CFI_HCCM	EV_CF1M_HCCM_C ELL_SETUP_REQ	send	1	698	48	458
4		2018-07-09 15:40:27 435	HCCM_GIS	EV_LM_DUC_CELL _INFO_RSP	send	1	698	48	458
5		2018-07-09 15:40:27 548	HCCM_HRRM	EV_RRM_CCM_CEL L_CFG_RSP	send	1	698	48	458
6		2018-07-09 15:40:27 575	CFI_HCCM	40105-1	send	1	698	48	458
7		2018-07-09 15:40:27 821	NG	40000-2	send	1	698	48	458
8		2018-07-09 15:40:28 120	UCM_UC	EV_UCM_UC_RRC_ CONN_SETUP_REQ	send	1	698	48	458
9		2018-07-09 15:40:28 161	BCS_OAM	EV_LCCM_OC_OAM _CELL_REL_REQ	send	1	698	48	458
10		2018-07-09 15:40:28 198	UU	RRCConnectionRec onfigurationCompl ete	send	1	698	48	458
11		2018-07-09 15:40:28 223	F1	40003-3	send	1	698	48	458
12		2018-07-09 15:40:28 224	E1	40113-1	send	1	698	48	458
13		2018-07-09 15:40:28 266	UCS_STS	EV_UC_STS_SRB1 _CONFIG_REQ	send	1	698	48	458
14		2018-07-09 15:40:28 481	INTRA_HCCM	EV_DUC_CC_CELL _SETUP_REQ	send	1	698	48	458
15		2018-07-09 15:40:28 489	INTRA_HCCM	404402-2	send	1	698	48	458
16		2018-07-09 15:40:28 491	BCS_MCC	EV_MCC_CCM_CEL	send	1	48		458

共 29375 条 每页显示 200 ▼ 条　< 147 / 147 页 >

图 6.110　参看历史信令任务

实时数据　历史数据　清空数据

序号	Detail	Time	Message Type	Message Name	Direction	gNBId	Cel
1		2018-07-09 15:41:07 918	UCS_STS	EV_UC_STS_SRB1 _CONFIG_REQ	send	1	698
2		2018-07-09 15:41:07 998	INTRA_LCCM	40403-1	send	1	698
3		2018-07-09 15:41:08 012	BCS_MCC	EV_MCC_CCM_CE LL_ORCHE_REQ	send	1	698
4		2018-07-09 15:41:08 033	BCS_MCC	40110-4	send	1	698
5		2018-07-09 15:41:08 039	UCS_GIS	40102-1	send	1	698
6		2018-07-09 15:41:08 040	UU	RRCConnectionRa configurationCom plete	send	1	698
7		2018-07-09 15:41:08 082	E1	40113-1	send	1	698
8		2018-07-09 15:41:08 126	INTRA_LCCM	40403-1	send	1	698
9		2018-07-09 15:41:08 177	F1	40003-3	send	1	698
10		2018-07-09 15:41:08 281	CFI_HCCM	EV_CF1M_HCCM_ CELL_SETUP_REQ	send	1	698
11		2018-07-09 15:41:08 342	NG	40000-2	send	1	698
12		2018-07-09 15:41:08 370	HCCM_GIS	EV_LM_DUC_CELL _INFO_RSP	send	1	698
13		2018-07-09 15:41:08 441	INTRA_HCCM	404402-2	send	1	698
14		2018-07-09 15:41:08 470	BCS_OAM	EV_LCCM_OC_OA M_CELL_REL_REQ	send	1	698
15		2018-07-09 15:41:08 559	HCCM_HRRM	EV_RRM_CCM_CE LL_CFG_RSP	send	1	698

事件详情

⊟ srb1_config_request
　⊟ header
　　└ cpf_ue_id=0
　　　gnb_du_ue_f1ap_id=0
　　　cell_id=1
　⊟ pdcp_config
　　　└ t_reordering=1

原始码流

0A 0C 0A 00 18 01 22 06 08 01 12 02 08 0A

图 6.111　查看事件详情和原始码流

⊕ 新建　▶ 启动　◼ 停止　📄 删除　↻ 刷新

	任务号	任务名称	任务类型	状态	开始时间	结束时间	创建者	操作
☐	9	signalling_1	小区级/信令跟踪	已停止	2017-07-31 16:57:34.245	2017-07-31 16:57:47.616	admin	修改　监控　导出　更多 ▾
☐	11	mts_persistence	UE级小区/监控测试	已停止	2017-07-31 16:57:34.228	2017-07-31 16:57:47.392	admin	修改　监控　导出　更多 ▾

图 6.112　导出信令任务

习题 6

1. 请简述数据配置的前提。

2. 请简述 5G 网管架构。

3. 请简述 5G 网管功能组件。

4. 请简述 5G 网管部署策略。

5. 请简述创建网元菜单中的各个参数的含义。

6. 请简述子网 ID 的含义。

7. 请简述增加机框菜单中的各个参数的含义。

8. 请简述 VBP 单板的功能。

9. 请简述基带板 VBPc5 单板接口的功能和配置原则。

10. 无线接口参数有哪些？各自的含义是什么？

11. 一般基站完成硬件安装并设备上电后，就可以进行＿＿＿＿＿＿＿。

12. 5G 小区配置窗口时，物理小区识别码范围是＿＿＿＿＿＿。

13. 全网告警是（   ）组件的功能。

A. 系统管理　　　　B. 自运维管理　　　C. 无线应用　　D. 公共应用

14. 全局策略是（   ）组件的功能。

A. 系统管理　　　　B. 自运维管理　　　C. 智能运维　　D. 公共应用

15. 自运维管理提供了（   ）功能。

A. 日志管理　　　　　　　　　　B. 网络智能分析高级应用

C. 数据采集　　　　　　　　　　D. 应用性能管理

16. TAC（跟踪区域码）在（   ）下唯一。

A. gNB　　　　　　B. UPL　　　　　　C. AMF　　　　D. NR-RAN

17. 以下不需要在传输网络下进行配置的参数是（   ）。

A. 偶联号　　　　　　　　　　　B. 本端地址/远端地址

C. 网元 IP 地址　　　　　　　　　D. OMC 服务器地址

项目 7

5G 基站故障处理

项目概述

故障排除的主要工作包括告警排查、隐性故障检测和参数核查。当发现 5G 基站网管上报告警，可能会影响正常业务，需要尽快排除故障，使业务恢复正常。当发现 5G 基站网管的性能指标恶化，需要进行网络优化，之前也需要检查设备是否存在隐形故障，所以故障排除也是 5G 无线网络优化的前提。本项目介绍 5G 基站故障信息的收集、故障定位及故障处理的步骤和方法。通过本项目的学习，学员将具备 5G 基站故障处理的工作技能。

学习目标

（1）能完成 5G 基站故障信息收集；
（2）能完成 5G 基站故障定位；
（3）能完成 5G 基站故障处理。

扫一扫看
本项目教
学课件

任务 7.1　故障信息收集

7.1.1　任务描述

本任务介绍故障信息收集内容，为后续故障分析和处理提供必要的素材。

7.1.2　任务目标

（1）能收集故障的原始信息；

（2）能收集故障的告警信息；

（3）能收集故障的指示灯状态信息；

（4）能收集故障的性能指标信息。

7.1.3 知识准备

故障信息是故障处理的重要依据，任何一个故障处理过程都是从维护人员获得故障信息开始，维护人员应尽量收集需要的故障信息。

需要收集的故障信息如下：

（1）具体的故障现象。

（2）故障发生的时间、地点和频率。

（3）故障的范围、影响。

（4）故障发生前设备运行情况。

（5）故障发生前对设备进行的操作及操作的结果。

（6）故障发生后采取的措施及结果。

（7）故障发生时设备是否有告警及相关/伴随告警。

（8）故障发生时是否有单板指示灯异常。

（9）故障发生前是否有重大活动，如集会等大业务流量的变化。

（10）故障发生前是否有天气等可能影响设备功能的自然环境变化。

一般可以通过以下途径收集需要的故障信息：

（1）询问申告故障的用户或现场工程人员，了解具体的故障现象及故障发生的时间、地点、频率。

（2）询问设备操作维护人员，了解设备日常运行状况、故障现象、故障发生前的操作及操作的结果、故障发生后采取的措施及效果。

（3）观察单板指示灯，观察操作维护系统及告警管理系统以了解设备软硬件运行状况。

（4）通过业务演示、性能测量、接口/信令跟踪等方式了解故障发生的范围和影响。

信息收集时的注意事项如下：

（1）在遇到故障，特别是重大故障时，应具有主动收集相关故障信息的意识，建议先了解清楚相关情况后再决定下一步的工作，切忌盲目处理。

（2）应加强横向、纵向的业务联系，建立与其他相关业务部门维护人员的良好业务关系，有助于信息交流、技术求助，如传输部门、核心网部门、建设工程人员等。

7.1.4 任务实施

故障信息种类如表 7.1 所示。

表 7.1 故障信息种类

种 类	属 性	描 述
原始信息	定义	通过用户故障申告，维护工程师发现的异常等反映出来的故障信息，以及维护人员在故障初期通过各种渠道和方法收集到的其他相关信息的总和，是进行故障判断与分析的重要原始资料

续表

种　类	属　性	描　述
原始信息	用途	主要用来判断故障的范围和确定故障的种类。原始信息在故障处理的初期阶段，为缩小故障判断范围、初步定位问题提供依据
	参考	无
告警信息	定义	5G 基站告警系统输出的信息，涉及硬件、传输等基站的各个方面，信息量大而全，主要包括故障或异常现象的具体描述、故障发生的原因、故障修复建议等，是进行故障分析和定位的重要依据之一
	用途	主要用于查找故障的具体部位或原因。由于 5G 基站告警系统输出的告警信息丰富、全面，因此可以用来直接定位故障的原因，或者配合其他方法共同定位故障
	参考	告警的详细说明可参见《告警参考》
指示灯状态	定义	反映单板的工作状态及电路、链路、光路、节点等工作状态，是进行故障分析和定位的重要依据
	用途	主要用于快速查找大致的故障部位或原因，为下一步的处理提供思路。由于指示灯所包含的信息量相对有限，因此需要与告警信息配合使用
	参考	各单板指示灯的状态说明
性能指标	定义	对呼叫中的各种情况，如掉话、切换等进行实时统计，是分析业务类故障的有力工具，能够及时找出引起业务类故障的主要原因并加以有效防范
	用途	主要与信令跟踪、信令分析配合使用，在定位掉话率过高、切换成功率低、呼叫异常等业务类故障方面有重要作用，常用于全网 KPI 分析和性能检测
	参考	性能指标的详细说明可参见《性能指标参考》

任务 7.2　故障定位

7.2.1　任务描述

故障定位是从众多可能原因中找出故障原因的过程，通过一定的方法或手段分析、比较各种可能的故障成因，不断排除非可能因素，最终确定故障发生的具体原因。

7.2.2　任务目标

（1）能描述故障定位思路；
（2）能处理典型传输类故障；
（3）能处理典型设备类故障；
（4）能处理典型业务类故障。

扫一扫看 5G 基站例行维护常用工具微课视频

扫一扫看 5G 基站例行维护注意事项微课视频

扫一扫看 5G BBU 维护重点和周期微课视频

7.2.3　知识准备

1. 故障种类

1）传输类故障

（1）基站与网管链路故障。

（2）基站与其他网元链路故障（如 SCTP 故障等）。

2）设备类故障

（1）单板故障。

（2）BBU 和 AAU 间光纤故障。

（3）天馈故障。

3）业务类故障

（1）小区退服故障。

（2）性能指标异常（如呼叫成功率低等）。

设备类故障相对简单，虽然故障种类多，但是故障范围较窄，系统会有单板指示灯异常、告警和错误提示等信息。用户根据指示灯信息、告警处理建议或错误提示，可以排除大多数设备类故障。

传输类和业务类故障较复杂，需要逐步排除可能原因。

2. 故障处理思路

5G 基站故障处理思路包括分层排除，分段排除，替换法，单板、线缆插拔，设备重启，如图 7.1 所示。

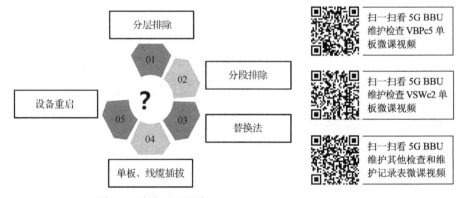

图 7.1　故障处理思路

（1）分层排除。

物理层：负责介质的连接，重点关注电缆、跳线、连接头、接口、设备硬件。

MAC：封装不一致，主要关注端口的状态和负载。

RLC：分段打包重组，主要关注地址和子网掩码是否正确，路由协议配置是否正确。排查时重点查看接口 IP 配置及路由表设置。

高层：负责端到端的数据，主要关注网络终端的高层协议，以及终端设备的软硬件运行状态。

（2）分段排除：把网络分段，逐段排除故障。

（3）替换法：检查硬件问题的最常用方法。当怀疑单板、线缆、接口、光模块等硬件设备故障时，可以采用替换法排除。

在实际网络故障排查时，可以先采用分段法确定故障点，再通过分层或其他方法排除故障。

（4）单板、线缆插拔：当怀疑线缆或单板连接不可靠时，可以通过重新插拔来排除故障。

扫一扫看 5G AAU 维护微课视频

扫一扫看 5G BBU 维护检查设备连接点和线缆微课视频

扫一扫看 5G BBU 维护检查 VPDc1 单板微课视频

扫一扫看 5G BBU 维护检查 VBPc5 单板微课视频

扫一扫看 5G BBU 维护检查 VSWc2 单板微课视频

扫一扫看 5G BBU 维护其他检查和维护记录表微课视频

（5）设备重启：当怀疑软件版本运行异常时，可以重启设备（慎用）。

另外，故障处理还有如下两个。

（1）性能指标 TOP N：通过网管性能管理功能，查询全网性能指标最差的 TOP N 基站（如最差的 5 个基站），定位故障区域。

（2）信令跟踪：一般涉及业务类故障时，如不能发起业务、呼叫成功率低等，可以进行信令跟踪，检查异常信令，定位问题。

7.2.4 任务实施

1. 传输问题处理

1）传输问题解决思路

5G 实现全网 IP 化，网络结构更加简单，5G 基站连接传输设备（如 PTN），如图 7.2 所示。

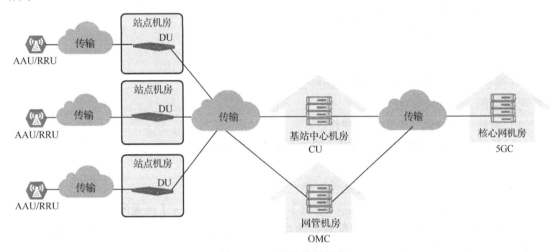

图 7.2 5G 基站传输网络

5G 网络由无线设备、PTN、核心网、OMC 网管等构成，任何一个环节出现问题都有可能导致 LTE 网络出现故障。造成 5G 网络传输故障的可能原因及影响如下。

（1）基站配套电源故障或掉电：导致单个站点脱管、业务受损，产生网元连接中断告警。（设备出现网元断链告警）

（2）BBU 至 PTN 的光模块或光纤故障：导致单个站点脱管、业务受损，产生网元连接中断告警。（设备出现网元断链告警）

（3）PTN 设备故障：接入层设备故障只会导致单个站点脱管、业务受损，产生网元连接中断告警；汇聚设备或 L3 设备故障则会导致大批量站点出现网元连接中断告警或 S1 接口故障告警/控制面传输中断告警。（设备出现网元断链告警）

（4）5GC 设备故障：大批量网元出现 NG 接口故障告警/控制面传输中断告警。（设备出现网元断链告警/SCTP 偶联断告警）

（5）OMC 网管故障：大批量网元出现网元连接中断告警。（设备出现大量网元断链告警）

（6）数据配置问题：单个站点产生 NG 接口故障告警/控制面传输中断告警。（设备出现 NG 断链告警/SCTP 偶联断告警）

2）网元与网管断链

网元断链是非常严重的告警，需要及时排查。有版本升级、配置数据整表等常规操作导致的正常断链，也有由于配置数据错误、网元软硬件故障引起的异常断链，需要根据实际情况判断是否需要人工参与完成链路恢复。

故障现象：

（1）基站前后台断链或一直无法正常建链。

（2）显示前后台断链。

原因分析：

（1）版本升级导致前后台断链。

（2）前台死循环导致前后台断链。

（3）带宽配置太小导致前后台断链。

（4）前台已与其他服务器建链

3）SCTP 偶联断链

NG 接口或 Xn 接口的 SCTP 偶联断链故障。

可能原因：

（1）本端或对端偶联参数配置错误。

（2）传输链路（如 PTN、交换机、路由器等）故障。

处理建议：

（1）检查 SCTP 偶联参数配置是否正确。

① 在【无线配置管理】→【现网配置】→【管理网元】→【传输网络】→【SCTP】中，检查本端端口号、使用的 IP 层配置、远端地址、远端端口号是否与现网规划一致。

● 是→联系技术支持。

● 否→子步骤 b。

② 在【无线配置管理】→【现网配置】→【管理网元】→【传输网络】→【SCTP】中，将本端的 SCTP 偶联参数修改为与现网规划一致。

③ 同步配置数据到网元。

④ 等待 15 分钟，检查告警是否已消除。

● 是→结束。

● 否→步骤（2）。

（2）检查本端到对端的传输地址是否可达。

① PING 偶联远端地址，查看能否收到应答。

● 是→联系技术支持。

● 否→子步骤 b。

② 根据组网规划，检查传输路径中各节点（如 MME/交换设备等）的 IP 地址及路由配置是否正确。

● 是→联系技术支持。

● 否→子步骤 c。

③ 根据组网规划，将传输路径中各节点（如核心网/交换设备等）的 IP 地址及路由配置修改正确。

● 是→结束。

● 否→联系技术支持。

4）NG 接口断链

可能原因：

（1）SCTP 偶联断链。

（2）NGAP 建立失败（协商失败或基站无小区）。

处理建议：

（1）检查告警详细信息中的附加文本字段，是否 SCTP 偶联断链。如果不是，执行步骤（2）。如果是，参照"SCTP 偶联断链"的处理措施进行排查。如果告警消除，结束告警处理，否则执行步骤（2）。

（2）检查告警详细信息中的附加文本字段，是否 NGAP 建立失败。如果是，则在配置管理系统中检查基站是否配置小区，NG 接口配置参数是否有效。

● 检查 MCC、MNC 是否配置正确。必须按照运营商提供的数据规划来配置 MCC、MNC，由于核心网可能同时和不同基站系统对接，因此基站侧配置的 MCC、MNC 必须在核心网侧也配置了，否则会导致 NGAP 层信令交互失败、NG 断链（此时 SCTP 链路是通的）。

● 检查 TAC 是否配置正确，并与核心网侧人员确认 EPC 是否已相应配置了基站的 TAC 参数。若 gNB 侧和核心网侧配置的 TAC 参数不一致，则会导致 NG 接口断链。

● 检查 gNB 标识（gNBID）是否配置正确。若整网存在 gNB 标识（gNBID）冲突的情况，则会导致 NG 链路闪断。

（3）如果上述配置数据不正确，修改参数，同步配置数据到基站。检查告警是否清除，如果告警消除，结束告警处理，否则寻求更高一级的设备维护支持。

2. 设备问题处理

处理设备故障的思路较简单，一般遵循告警提示即可解决大部分问题，定位故障时可采用替换法。

1）BBU 和 AAU 光纤链路故障

排查思路：

（1）检查是否存在"光口未接收到光信号""光模块接收功率异常""光口接收帧失锁"告警，如果存在光口类故障先解决光口告警。

（2）检查是否存在"版本包故障"告警，确认是否为版本问题。

（3）检查 RRU 是否存在"硬件类型和配置不一致"告警，确认是否配置的硬件类型不一致。

（4）检查 RRU 是否存在"参数配置错误"告警，检查光口速率配置、BPL 与 RRU 拓扑结构。

（5）检查基带板运行状态，确认参数配置是否正确。

（6）尝试软复位 RRU、硬复位 RRU。

（7）尝试复位与该 RRU 连接的上级单板或 RRU。

（8）上站用光功率计检测光功率是否正常，以便排除是否硬件或外部环境问题。

（9）如有硬件问题则更换 RRU。

可能原因：

（1）光纤/电缆损坏。

（2）光纤/电缆端面污染。

（3）本端或对端光/电模块或光纤/电缆没插好。

（4）对端设备的光/电模块损坏。

（5）光纤实际长度大于光模块支持的长度。

（6）本端、对端的光模块速率不匹配。

（7）对端设备工作异常。

处理建议：

网管侧处理步骤如下：

（1）诊断 BBU 侧发射功率。

在【通用网元管理】→【命令处理】→【人机命令树】→【MO Action】→【公共】中，根据告警详细信息中的位置信息，查看光模块的发射功率，检查光模块的发射功率是否满足以下要求：对于 1.25 GB/2.5 GB/3 GB 光模块，发射功率大于-10 dBm；对于 6 GB/10 GB/25 GB 光模块，2 km 发射功率大于-8.2 dBm，10 km 发射功率大于-5.2 dBm。

● 是→步骤（2）。

● 否→步骤（6）。

（2）诊断 BBU 侧接收功率。

在【通用网元管理】→【命令处理】→【人机命令树】→【MO Action】→【公共】中，根据告警详细信息中的位置信息，查看光模块的接收功率，检查光模块的接收功率是否满足以下要求：对于 1.25 GB/2.5 GB/3 GB 光模块，接收功率大于-16 dBm；对于 6 GB/10 GB/25 GB 光模块，接收功率大于-10.5 dBm

● 是→步骤（3）。

● 否→步骤（7）。

（3）检查 BBU 侧配置的光口速率与插入光模块的速率是否一致。

① 检查是否有相关告警（198097510 网元不支持配置的参数：光模块速率不匹配）。

● 是→子步骤 b。

● 否→子步骤 c。

② 在【无线配置管理】→【现网配置】→【管理网元】→【设备】→【可替换单元】中，根据告警详细信息中的位置信息，在无线接口或传输口中修改配置的光口速率与现网规划一致。等待 15 分钟，检查告警是否已消除。

● 是→结束。

● 否→子步骤 c。

③ 逐级降低 BBU 侧配置的光口速率（如把 10 Gbps 降低为 6 Gbps）。等待 15 分钟，

检查告警是否已消除。

- 是→步骤（7）。
- 否→步骤（4）。

（4）在【通用网元管理】→【命令处理】→【人机命令树】→【MO Action】→【公共】中，硬复位 RRU。等待 15 分钟，检查告警是否已消除。

- 是→结束。
- 否→步骤（5）。

（5）检查是否为级联 RRU 的情况，硬复位其上级 RRU。等待 15 分钟，检查告警是否已消除。

- 是→结束。
- 否→步骤（6）。

（6）安排人员上站检查。去 BBU 侧检查和更换光模块。

（7）安排人员上站检查。去 RRU 侧检查和更换光模块。

网元侧上站处理步骤如下：

上站工具为光模块、光功率计、万用表、光转接头。

（1）在 BBU 侧，根据告警详细信息中的位置信息，观察单板的 OF 指示灯状态。指示灯状态说明如下。

- 灭：不能接收到光信号。
- 常亮：能接收到光信号，但无法与 RRU 同步。
- 慢闪（0.3s 亮，0.3s 灭）：BBU 侧接收状态正常。

指示灯为灭→步骤（4）（检查 RRU）。

指示灯为常亮或慢闪→步骤（2）（检查 BBU 光模块）。

（2）在 BBU 侧，拔插光模块，并且同网管侧确认光模块速率是否和网管配置一致。等待 15 分钟，检查告警是否已消除。

- 是→结束。
- 否→步骤（3）。

（3）更换和网管配置速率一致的光模块。等待 15 分钟，检查告警是否已消除。

- 是→结束。
- 否→步骤（4）。

（4）在 RRU 侧，根据告警详细信息中的位置信息，拔插光模块（可根据现场 OPT 指示灯闪灯状态判断故障位置）。等待 15 分钟，检查告警是否已消除。

- 是→结束。
- 否→步骤（5）。

（5）在 RRU 侧，用光功率计测光功率。

①（可选）用光功率计测光模块发射功率，检查是否满足正常值。（对于 1.25 GB/2.5 GB/3 GB 光模块，发射功率大于-10 dBm；对于 6 GB/10 GB/25 GB 光模块，2 km 发射功率大于-8.2 dBm，10 km 发射功率大于-5.2 dBm）

- 是→子步骤 c。

● 否→子步骤 b。

② 更换和网管配置速率一致的光模块。等待 15 分钟，检查告警是否已消除。

● 是→结束。

● 否→子步骤 c。

③（可选）用光功率计测光模块接收功率，检查是否满足正常值。（对于 1.25 GB/2.5 GB/3 GB 光模块，接收功率大于-16 dBm；对于 6 GB/10 GB/25 GB 光模块，接收功率大于-10.5 dBm）

● 是→子步骤 d。

● 否→子步骤 e。

④ 更换和网管配置速率一致的光模块。等待 15 分钟，检查告警是否已消除。

● 是→结束。

● 否→步骤（5）。

⑤ 更换光纤。等待 15 分钟，检查告警是否已消除。

● 是→结束。

● 否→步骤（6）。

（6）给 RRU 下电，等待超过 5 秒后，再给 RRU 上电。等待 15 分钟，检查告警是否已消除。

● 是→结束。

● 否→步骤（7）。

（7）更换 RRU。等待 15 分钟，检查告警是否已消除。

● 是→结束。

● 否→联系技术支持。

2）天馈驻波比异常

可能原因：

（1）天馈线缆接头制作不合格、未拧紧、进水或存在金属碎屑等异物。

（2）天馈线缆存在挤压、弯折或损坏。

（3）射频单元硬件故障。

（4）天线对着障碍物。

（5）驻波比告警门限过低。

处理建议：

网管侧处理步骤如下：

（1）检查驻波比门限配置是否合理。

① 在【无线配置管理】→【现网配置】→【管理网元】→【支撑功能】→【门限】→【驻波比门限】中，根据告警详细信息中的位置信息，检查驻波比门限的上限值和下限值是否合理。不建议设置驻波比门限的下限值低于 1.5。

● 是→步骤（2）。

● 否→子步骤 b。

② 根据实际需求，上调驻波比门限值。

③ 同步配置数据到网元。等待 15 分钟，检查告警是否已消除。

● 是→结束。

● 否→步骤（2）。

（2）安排人员上站检查。

网元侧上站处理步骤如下：

上站工具为力矩扳手等。

（1）上站检查是否存在以下情况：

① 检查 RRU 接头处射频线缆异常（正常要求射频线缆从射频头垂直往下 20 cm 布放，不能弯曲，线缆弯曲半径要大于 20 倍线径）。

② 检查 RRU 接头内是否进水、变形、有异物。

● 是→步骤（2）。

● 否→步骤（3）。

（2）解决步骤（1）问题，并拧紧接头。等待 15 分钟，检查告警是否已消除（RRU 的 VSWR 指示灯灭）。

● 是→结束。

● 否→步骤（3）。

（3）对调 RRU 两个射频接口的天馈线缆。

① 对调天馈线缆前，和网管侧确认告警是在哪个通道。

② 给 RRU 下电。对调 RRU 两个射频接口的天馈线缆。

③ 给 RRU 上电。和网管侧确认告警所在通道是否随着对调操作转移。

● 是→步骤（6）。

● 否→步骤（4）。

（4）给 RRU 下电，等待超过 5 秒后，再给 RRU 上电。等待 15 分钟，检查告警是否已消除。

● 是→结束。

● 否→步骤（5）。

（5）更换 RRU。等待 15 分钟，检查告警是否已消除。

● 是→结束。

● 否→联系技术支持。

（6）排查天馈或合路器故障。依据天馈排障方法进行处理。

3）GNSS 接收机故障

当配置了内置/外置 GNSS 参考源时，接收机存在故障或不可用时，上报该告警。

可能原因：

（1）GNSS 接收机损坏或与接收单元的链路异常。

（2）RGPS 接收机断电。

（3）环境温度超出阈值或温度传感器故障。

系统影响：

单板处理能力下降，部分功能无法正常运行，严重时会导致无线链路建立等业务失败，该单板上承载的业务可能全部或局部受阻或影响业务质量。

处理建议：

接收机通信失败

网管侧处理步骤如下：

（1）根据告警对象，找到单板位置，若单板为主控板，复位告警单板。等待 15 分钟，检查告警是否已消除。

- 是→结束。
- 否→步骤（2）。

（2）安排人员上站检查。

网元侧上站处理步骤如下：

（1）根据告警对象，找到单板位置，若单板为 AAU 单板，检查 RGPS 连接是否异常。

- 是→步骤（2）。
- 否→步骤（3）。

（2）将 RGPS 端口连接。等待 15 分钟，检查告警是否已消除。

- 是→结束。
- 否→步骤（3）。

（3）根据告警对象，找到单板位置，更换告警单板。等待 15 分钟，检查告警是否已消除。

- 是→结束。
- 否→联系技术支持。

接收机 1PPS 丢失

网管侧处理步骤如下：

（1）根据告警对象，找到单板位置，若单板为主控板，复位告警单板。等待 15 分钟，检查告警是否已消除。

- 是→结束。
- 否→步骤（2）。

（2）安排人员上站检查。

网元侧上站处理步骤如下：

（1）根据告警对象，找到单板位置，若单板为 AAU 单板，检查 RGPS 连接是否异常。

- 是→步骤（2）。
- 否→步骤（3）。

（2）将 RGPS 端口连接。等待 15 分钟，检查告警是否已消除。

- 是→结束。
- 否→步骤（3）。

（3）根据告警对象，找到单板位置，更换告警单板。等待 15 分钟，检查告警是否已消除。

- 是→结束。
- 否→联系技术支持。

3. 业务问题处理

业务问题包括不能发起业务或性能指标低等问题。处理业务问题一般需要使用性能管

理功能查询性能指标，以及使用信令跟踪定位问题原因。本书涉及的业务问题侧重于能否正常发起业务，不包括网络优化涉及的测试、性能指标优化、优化方案设计等问题。

1）小区退出服务

可能原因：

（1）小区被关断。

（2）S1 链路故障。

（3）小区所使用的主控板、基带板或 RRU 故障。

（4）小区配置失败。

（5）时钟失锁。

处理建议：

（1）进入动态管理，查询小区状态。

（2）查询运行版本是否正确，必要情况下和其他运行正常的基站进行版本对比。

（3）检查告警详细信息中的附加文本字段是否为"小区关断"。

① 如果不是，执行步骤（4）。

② 如果是，则可以根据系统配置决定是否在动态管理中解除小区关断。查看告警是否消除，如果告警消除，结束告警处理，否则执行步骤（4）。

（4）查询 NG 链路状态，如果 NG 链路断，先根据 NG 链路断故障排查指导进行排查，解决 NG 链路断的问题。

（5）查看告警管理中告警监控是否有时钟失锁相关告警。如果没有，执行步骤（6）；如果有，按照这些告警的处理方法处理。查看告警是否消除，如果告警消除，结束告警处理，否则执行步骤（6）。

（6）在告警管理的告警监控中检查小区所使用的主控板、基带板、AAU/RRU 是否有告警。如果没有，执行步骤（7）；如果有，按照这些告警的处理方法处理。查看告警是否消除，如果告警消除，结束告警处理，否则执行步骤（7）。

（7）在配置管理中检查小区参数配置。确保小区参数配置正确，并同步配置数据到gNB。查看告警是否消除，如果告警消除，结束告警处理，否则寻求更高一级的技术支持。

2）初始接入失败

有时 UE 可以收到信号，但无法发起业务，初始接入失败。

可能原因：

（1）基站信号质量差或用户太多导致拥塞。

（2）UE 在核心网未放号或欠费。

（3）UE 硬件型号与网络不兼容。

（4）基站其他软硬件问题。

处理建议：

（1）检查基站是否有其他异常告警，如果有的话先解决告警，看业务是否恢复。

（2）检查基站软硬件版本是否正确，如果版本不正确先升级版本，看业务是否恢复。

（3）检查基站配置数据是否正确，如果有错误，修改配置数据，看业务是否恢复。

（4）检查随机接入过程，看 MSG1 后是否有 MSG2。如果 UE 未收到 MSG2，可能是用户太多导致竞争失败，或者下行信号质量差导致接收失败。如果因为用户太多导致竞争失败，可考虑扩容；如果因为信号质量差导致信号接收失败，可考虑改善基站覆盖质量，涉及网络优化环节。

（5）通过信令跟踪检查接入信令流程，看 RRC Connection Request 后，基站是否回复 RRC Connection Setup。如果没有回复，或者回复其他异常信令，联系核心网确认核心网侧参数配置正常，且 UE 正常放号不欠费。如果核心网侧有问题，解决后看业务是否恢复。

（6）更换基站主控板或基带板，看业务是否恢复。

（7）如果以上都没有解决，联系进一步技术支持。

3）网络 KPI 异常

通过网管性能管理查询，发现网络 KPI 异常，如呼叫成功率异常低。

可能原因：

（1）个别基站故障，不能发起业务，影响整个网络性能。

（2）网络无线参数异常，涉及网络优化环节，本书不考虑此内容。

处理建议：

（1）以呼叫成功率低为例，使用性能管理功能，查询各小区呼叫成功率，找出最低的 TOP N 小区。

（2）如果有小区退服或小区正常但不能发起业务，参见"小区退服"或"初始接入失败"内容。

（3）如果小区能发起业务，但呼叫成功率偏低，涉及网络优化环节，联系网络优化工程师处理。

任务 7.3 故障处理

7.3.1 任务描述

本任务介绍 5G 基站故障处理的步骤和方法。通过本任务的学习，学员将具备 5G 基站故障处理的工作技能。

7.3.2 任务目标

（1）能描述故障处理流程；

（2）能处理传输故障；

（3）能处理设备硬件故障。

扫一扫看 5G 故障处理流程微课视频

7.3.3 知识准备

扫一扫看 5G 故障定位微课视频

5G 基站故障处理流程如图 7.3 所示。

（1）备份数据：需备份的数据包括配置数据、告警信息、日志文件等。

（2）收集故障信息：故障信息是故障处理的重要依据，任何一个故障处理过程都是从维护人员获得故障信息开始的，维护人员应尽量收集需要的故障信息。

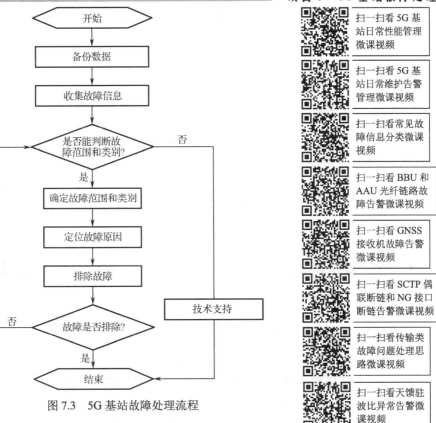

图 7.3　5G 基站故障处理流程

右侧二维码说明（从上到下）：

- 扫一扫看 5G 基站日常性能管理微课视频
- 扫一扫看 5G 基站日常维护告警管理微课视频
- 扫一扫看常见故障信息分类微课视频
- 扫一扫看 BBU 和 AAU 光纤链路故障告警微课视频
- 扫一扫看 GNSS 接收机故障告警微课视频
- 扫一扫看 SCTP 偶联断链和 NG 接口断链告警微课视频
- 扫一扫看传输类故障问题处理思路微课视频
- 扫一扫看天馈驻波比异常告警微课视频

（3）确定故障范围和类别：根据故障现象，确定故障的范围和种类。

（4）定位故障原因：根据故障现象，结合故障信息，从众多可能原因中找出故障原因。

（5）排除故障：确定故障原因后，采取适当的措施或步骤排除故障。

（6）确认故障是否排除：在执行故障排除步骤后，还需要验证故障是否已被排除。如果故障被排除，故障处理结束；如果故障未排除，返回到确定"是否能判断故障范围和类别？"。

（7）技术支持：如果无法确定故障的范围和种类，或者无法排除故障，联系技术支持人员，上升处理。

1. 备份数据

为确保数据安全，在故障处理的过程中，应首先保存现场数据，需备份的数据包括配置数据、告警信息、日志文件等。

2. 排除故障

故障排除是指采取适当的措施或步骤清除故障、恢复系统的过程，如检修线路、更换单板、修改配置数据、倒换系统、复位单板等。根据不同的故障按照不同的操作规程操作，进行故障排除。

故障排除之后的注意事项如下：

扫一扫看网络 KPI 异常微课视频

（1）需要进行检测，确保故障真正被排除。

（2）需进行备案，记录故障处理过程及处理要点。

（3）需要进行总结，整理此类故障的防范和改进措施，避免再次发生同类故障。

3. 确认故障是否排除

通过查询设备状态、查看单板指示灯和告警等方法，确认系统已正常运行，并进行相关测试，确保故障已经被排除，业务恢复正常。

4. 联系技术支持

当无法确定故障范围和类别或通过尝试无法排除故障时，需要联系上级部门或设备商的技术支持部门，寻求支持，上升处理。

7.3.4 任务实施

（1）按照 7.2.4 节的内容进行故障处理。

（2）验证故障处理结果。

● 检查告警是否消除。

● 检查业务是否恢复正常。

（3）及时向相关方（如客户或领导等）反馈故障处理进展和结果。

（4）根据故障处理结果编制故障处理案例，如表 7.2 所示。

表 7.2　故障处理案例

步　骤	描　述
现象分析	新开站点出现 NG 链路断链告警
原因分析	1. SCTP 链路配置错误。 2. 传输问题
处理过程	1. 进行 gNB 本端配置检查，确认 SCTP 链路参数本端地址引用、核心网地址、端口号等均没有问题。 2. 检查以太网链路层 VLAN 和 IP 层配置是否和规划一致，确认没有问题。 3. 确认基站侧数据配置正确的前提下，用诊断测试-IP 信道测试功能，从基站业务地址向核心网地址进行 Ping 包测试。 4. 结果表示，核心网地址 Ping 不通，但是前面检查参数时已经确认地址配置正确，怀疑是传输侧配置问题，检测传输排查 2 层 PTN 配置是否正确。 5. 联合传输检测，发现 2 层 PTN 配置错误导致传输不通。传输侧修改链路参数后，告警消除，业务恢复正常
建议与总结	遇到 NG 链路断链告警，首先确认是否伴随 SCTP 偶联断，检查 SCTP 配置是否正确。 如果伴随 SCTP 偶联断告警且所有数据配置正确，利用诊断测试来 Ping 核心网的地址，查看传输是否有问题，如有传输问题则配合检查传输

习题 7

1. 请简述基站传输网络的构成。
2. 请简述 SCTP 偶联。
3. 请简述诊断 BBU 侧发射功率的方法。
4. 请简述天馈驻波比异常的可能原因。

5．请简述初始接入失败的可能原因。

6．检查 GPS 射频线缆、光纤、接地线缆和电源线缆连接时一般首先看是否紧固，之后再看连接处_____。

7．针对设备连接点的检查，最主要的是_____。

8．单板风扇模块指示灯 RUN 快闪，说明_____。

9．针对外部供电，直流电源的要求是_____V。

10．_____告警造成整个系统无法运行或无法提供业务，需要立即采取措施恢复和消除。

华信SPOC官方公众号

欢迎广大院校师生**免费**注册应用

www. hxspoc. cn

华信SPOC在线学习平台

专注教学

教学课件
师生实时同步

数百门精品课
数万种教学资源

多种在线工具
轻松翻转课堂

电脑端和手机端（微信）使用

测试、讨论、
投票、弹幕……
互动手段多样

一键引用，快捷开课
自主上传，个性建课

教学数据全记录
专业分析，便捷导出

登录 www. hxspoc. cn 检索 华信SPOC 使用教程 获取更多

华信SPOC宣传片

教学服务QQ群： 1042940196
教学服务电话：010-88254578/010-88254481
教学服务邮箱：hxspoc@phei.com.cn

電子工業出版社·
PUBLISHING HOUSE OF ELECTRONICS INDUSTRY

华信教育研究所